物联网技术应用专业课程改革创新教材

U0177504

物联网系统安装
与调试活页式教程

主　编◎孟庆民　蒋赟锋
副主编◎陈朝菊

电子工业出版社

Publishing House of Electronics Industry

北京·BEIJING

内 容 简 介

本书坚持德技并修、工学结合的育人理念，从培养学生在实际情境中解决专业问题的综合职业能力出发，以应用为目的，以职业能力分析为依据设计课程教学项目。本书基于新大陆智慧社区实训平台，结合《物联网智能家居系统集成和应用职业技能等级标准》，按照物联网的 3 层体系架构提炼了物联网智慧社区功能框图设计、自动识别系统安装与调试、温湿度采集系统安装与调试、防盗系统安装与调试、智能路灯控制系统安装与调试、智能风扇控制系统安装与调试、物业端监测系统安装与部署、智慧社区系统安装与调试、基于云平台的智慧农业监测系统安装与调试、智能家居系统安装与调试 10 个项目。

本书可作为中等职业学校物联网、电子信息、计算机等专业的教材，也可作为物联网工程及相关专业工程技术人员的参考书。

本书提供免费的电子课件、相关视频和习题参考答案。

图书在版编目（CIP）数据

物联网系统安装与调试活页式教程 / 孟庆民，蒋赟锋主编. —北京：电子工业出版社，2023.6

ISBN 978-7-121-45925-2

Ⅰ. ①物… Ⅱ. ①孟… ②蒋… Ⅲ. ①物联网－教材 Ⅳ. ①TP393.4②TP18

中国国家版本馆 CIP 数据核字（2023）第 123944 号

责任编辑：关雅莉
印　　刷：涿州市京南印刷厂
装　　订：涿州市京南印刷厂
出版发行：电子工业出版社
　　　　　北京市海淀区万寿路 173 信箱　　　邮编：100036
开　　本：880×1230　　1/16　　印张：11.75　　字数：263.2 千字
版　　次：2023 年 6 月第 1 版
印　　次：2023 年 6 月第 1 次印刷
定　　价：49.00 元

凡所购买电子工业出版社图书有缺损问题，请向购买书店调换。若书店售缺，请与本社发行部联系，联系及邮购电话：（010）88254888，88258888。

质量投诉请发邮件至 zlts@phei.com.cn，盗版侵权举报请发邮件至 dbqq@phei.com.cn。

本书咨询联系方式：（010）88254576，zhangzhp@phei.com.cn。

前言

"十四五"以来，我国出台了各类政策，大力发展物联网行业。工业和信息化部等八部门联合印发了《物联网新型基础设施建设三年行动计划（2021—2023年）》。党的二十大报告也提出，"坚持把发展经济的着力点放在实体经济上，推进新型工业化，加快建设制造强国、质量强国、航天强国、交通强国、网络强国、数字中国"。目前，我国正加速推进全面感知、泛在连接、安全可信的物联网新型基础设施建设，加快技术创新，壮大产业生态，深化重点领域应用，推动物联网全面发展，不断培育经济新增长点，有力支撑网络强国和数字中国的建设。

现在，物联网已被广泛用于工业、农业、医疗、环境、安全、军事等各个领域，为经济和人们的生活带来前所未有的发展机遇。因此，物联网产业也需要大量的高素质技术人才。中等职业教育正肩负着培养中级物联网应用技术技能人才的重任。目前，市面上出版的有关物联网的图书大多理论性较强，没有实际的载体作为理论的支撑，内容晦涩难懂。其中有一些虽然是技能操作方面的图书，但理论性强，没有相应的拓展和提升。基于此，编者结合多年教学、培训经验及企业职业岗位技能需求编写了本书。比较而言，本书具有更强的系统性和可操作性，吸取了已出版图书的长处，以常用、够用为尺度，以典型的实训项目为载体，在完成任务的过程中学习，提高学生分析、解决问题的能力，培养学生的技能水平和职业素养。

本书以"项目引领、任务驱动"为主线，以全国职业院校技能大赛项目"物联网技术应用与维护"为载体，基于新大陆智慧社区实训平台，采用典型物联网应用系统作为项目案例，按照物联网的3层体系架构提炼了10个项目，通过明确任务、收集信息、制订计划、优化方案、实施计划、反馈评价等环节模拟物联网系统安装与调试的整个过程。让学生在实践中学习、思考、掌握知识，最终达到学以致用的目的。

1+X证书制度是继现代学徒制之后，国家推进职业教育改革创新的又一重大举措。本书的实训内容与《物联网智能家居系统集成和应用职业技能等级标准》接轨。学生通过对本书的学习可以直接参加该职业技能初级证书的鉴定，进一步学习可参加中级证书的鉴定。

本书采用活页式教材设计，具有灵活性和趣味性的特点；强调"学生为课堂主体，教师为主导"的教学模式。课前，教师先将课前学习任务、测试题等发给学生，学生发挥自主性，通过阅读"必备知识"部分内容完成课前预习；课中，学生根据"学习引导"部分内容展开学习，教师策划及组织课堂活动，并对学生的学习效果进行监督和评价；课后，学生完成课后习题，以巩固其学习效果，同时激发其学习潜力。

　　本书由重庆市立信职业教育中心孟庆民、蒋赟锋、陈朝菊老师共同编写，其中，孟庆民编写项目二、五、七、八，蒋赟锋编写项目三、四、六、九，陈朝菊编写项目一、十。在本书编写过程中，得到了北京新大陆时代教育科技有限公司在设备及技术上的大力支持，在此对相关人员一并表示感谢。限于作者水平有限，加之时间仓促，书中难免有缺陷和不足，恳请广大读者批评指正，我们将不胜感谢。

编者

目录

项目一　物联网智慧社区功能框图设计

　　某社区致力于提高居民的生活水平和幸福指数，计划将整个社区打造为智慧社区，借助物联网、传感器网络等网络通信技术把物业管理、安防、环境监测等集中在一起，并通过通信网络连接到物业管理处，为居民提供一个安全、舒适、便利的生活环境。作为专业技术人员，要完成智慧社区的打造，首先要清楚物联网的含义和物联网的结构，在此基础上，要结合智慧社区的实际功能需求整理出所需的功能模块，并设计出各功能模块之间的控制或连接关系。本项目旨在带领学生参照工程项目实施流程开展学习，进而实现以下学习目标。

　　1．能清楚地陈述物联网的含义及其应用实例。

　　2．能区分物联网与互联网的联系和区别。

　　3．能识别物联网的体系架构及各层的作用。

　　4．能根据需求列出智慧社区的功能模块，并厘清各功能模块之间的关系。

　　5．能用 Visio 软件设计并绘制出智慧社区功能框图。

安全注意事项：

计算机用电安全。

必备知识

一、物联网概述

1．物联网的定义

扫一扫

　　物联网（Internet of Things，IoT）是利用局部网络或互联网等通信技术把传感器、控制器、机器、人员和物等通过新的方式连在一起，做到人与物、物与物相连，实现信息化、远程管理控制和智能化的网络，如图 1-1 所示。

图 1-1　物联网

通俗地讲，物联网就是物物相连的互联网。也就是说，它是由物主动发起的物物相连的互联网。这里的第 1 层意思是说物和物相连，物与物之间交换信息，如智慧物流、车联网、智能制造等；第 2 层意思是说物和人相连，实现人与物的信息交流，在智能可穿戴设备、移动医疗等方面得到广泛应用。目前，物联网主要在智能工业、智能农业、智能物流、智能交通、智能电网、智能环保、智能安防、智能医疗、智能家居 9 个重点领域形成了较成熟的示范性应用，如图 1-2 所示。

图 1-2　物联网的应用

2．物联网与互联网的关系

物联网是在互联网的基础上发展起来的，是物物相连的互联网。一方面，物联网的核心和基础仍然是互联网，它是在互联网的基础上进行延伸和扩展的网络；另一方面，物联网的用户端扩展到了任何物品与物品之间可进行信息交换和通信。因此物联网是互联网的应用拓展，是互联网的业务和应用。物联网与互联网之间的关系如图 1-3 所示。

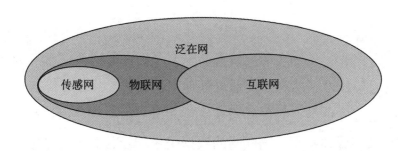

图 1-3　物联网与互联网之间的关系

　　"物超人"是我国移动物联网发展的新阶段，据工业和信息化部最新数据，截至 2022 年 8 月末，我国 3 家基础电信企业发展移动物联网终端用户 16.98 亿户，较移动电话用户的 16.78 亿户多出 2000 万户，移动物联网连接数首次超出移动电话用户数，我国成为全球主要经济体中率先实现"物超人"的国家。"物超人"意味着移动网络从服务人和信息消费进一步发展到服务千行百业，使万物互联的愿景真正成为现实。我国正逐步迈向科技强国的行列，这是我们每个中国人的骄傲。

3．物联网的体系架构

　　物联网作为一项综合性技术，涉及信息技术自上而下的每个层面，其体系架构一般可分为感知层、网络层、应用层，如图 1-4 所示。

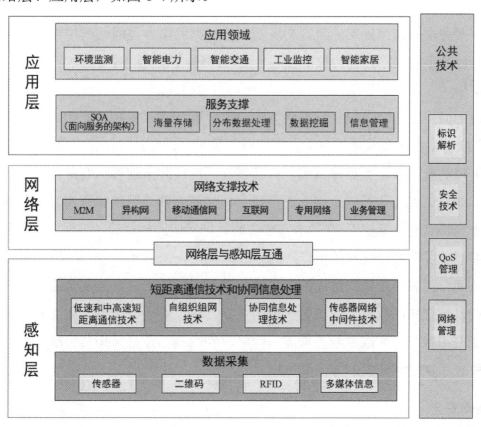

图 1-4　物联网的体系架构

（1）感知层。

感知层负责信息采集和物与物之间的信息传输，是联系物理世界和信息世界的纽带，由数据采集子层、短距离通信技术子层和协同信息处理子层组成。

数据采集子层：通过各种类型的传感器获取物理世界发生的物理事件和数据信息，如各种物理量、标识、音/视频多媒体数据。物联网的数据采集涉及传感器、二维码、RFID、多媒体信息等技术。

短距离通信技术子层和协同信息处理子层：将采集的信息在局部范围内进行协同处理，以提高信息的精度，降低信息冗余度，并通过具有自组织能力的短距离传感器网络接入广域承载网络。常见的短距离通信技术包含 Wi-Fi、蓝牙、ZigBee、NFC、UWB 超宽带、IrDA 技术等。

感知层的传感器网络中间件技术旨在解决感知层数据与多种应用平台间的兼容性问题，包括代码管理、服务管理、状态管理、设备管理、时间同步、定位等。

（2）网络层。

网络层的主要作用是把下层（感知层）数据接入互联网，供上层服务使用。互联网及下一代互联网是物联网的核心网络，而处在物联网边缘的各种无线网络则提供随时随地的网络接入服务。

网络层主要关注来自感知层的经过初步处理的数据经由各类网络的传输问题。网络层涉及智能路由器，以及不同网络传输协议的互通、自组织通信等多种网络技术。

（3）应用层。

这里所说的应用层实际上包含管理服务和应用两层含义。在高性能计算和海量存储技术的支撑下，服务支持层将大规模数据高效、可靠地组织起来，为上层行业应用提供智能支撑平台。存储是信息处理的第 1 步，数据库系统，以及在其后发展起来的各种海量存储技术已广泛应用于 IT、金融、电信、商务等行业。面对海量信息，如何有效地组织和查询数据是核心问题。服务支持层的主要特点是"智慧"。有了丰富翔实的数据，运筹学理论、机器学习、数据挖掘、专家系统等"智慧迸发"手段就有了更广阔的施展舞台。

在各层之间，信息不是单向传递的，可彼此交互和控制等，而且所传递的信息多种多样，其中最关键的是围绕物品信息完成海量数据的采集、标识解析、传输、智能处理等各个环节，与各业务领域应用融合，完成各业务功能。因此，物联网的体系架构与标准体系是一个紧密关联的整体，引领了物联网研究的方向和领域。

4．物联网安全

目前，信息安全和隐私保护变得越来越重要。在物联网时代，每个人都穿戴多种类型的传感器，连接多个网络。如何保证数据不被破坏、不被泄漏、不被滥用成为物联网面临的重大挑战。因此，物联网还需要安全技术、网络管理、服务质量（QoS）管理等公共技术的支撑。

二、智慧社区的构成

　　智慧社区是借助物联网、传感器网络等网络通信技术把物业管理、安防、环境监测等系统集成在一起，并通过通信网络连接到物业管理处，从而形成基于大规模信息进行智能处理的一种新的管理形态社区，其功能模块主要有社区超市、环境监测、社区安防、智能控制，如图 1-5 所示。各功能模块的感知设备将采集的信息通过网络汇聚并传输到物业管理中心监视器或显示屏上。

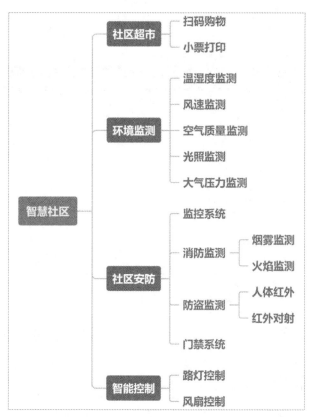

图 1-5　智慧社区功能框图

操作方法

扫一扫

　　在物联网项目的学习中，为了更好地厘清信号流经路径或电路系统中各部分之间的关系，通常会用流程图或结构框图来帮助我们理解系统结构。本书统一采用 Visio 软件，它可以轻松、直观地创建流程图、工程设计图，以及其他形状和模块。请参考表 1-1，使用 Visio 软件完成智慧社区功能框图的绘制。

表 1-1　使用 Visio 软件画图的操作方法

操 作 步 骤	操 作 说 明	操 作 示 范
1．打开软件	打开 Visio 软件	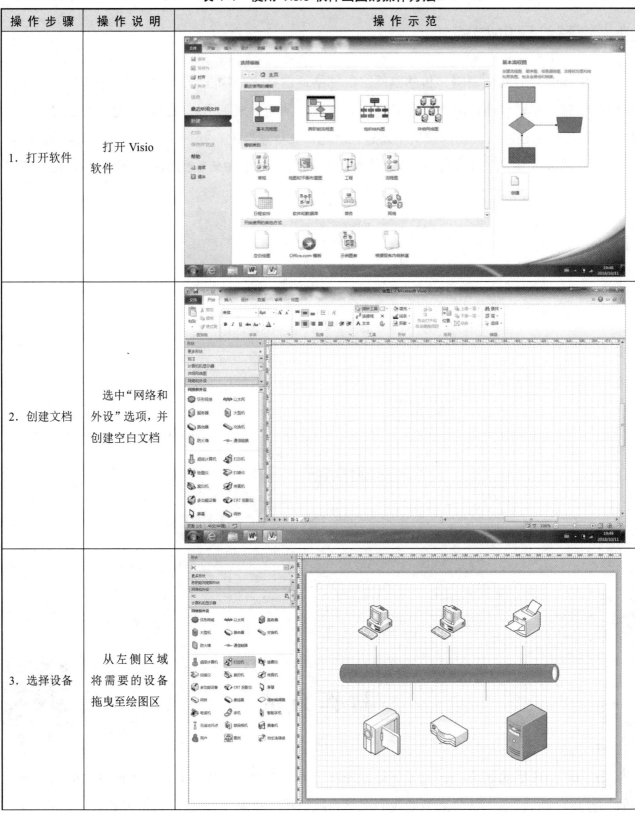
2．创建文档	选中"网络和外设"选项，并创建空白文档	
3．选择设备	从左侧区域将需要的设备拖曳至绘图区	

操作步骤	操作说明	操作示范
4. 连接线路	根据各设备之间的关系，使用连接线及信号线将它们连接起来	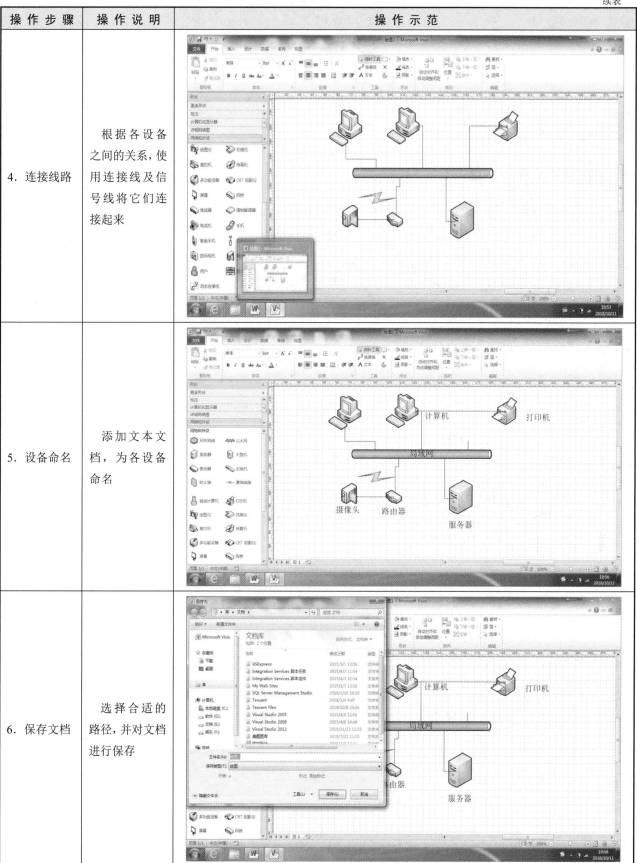
5. 设备命名	添加文本文档，为各设备命名	
6. 保存文档	选择合适的路径，并对文档进行保存	

学习引导

活动一　学习准备

一、物联网的含义及应用

1. 物联网是利用局部网络或互联网等_____把_____、控制器、机器、人员和物等通过新的方式连在一起，做到_____、_____相连，实现信息化、远程管理控制和智能化的网络。

2. 通俗地讲，物联网就是_____。

3. 物联网发展的核心是_____。

4. 请列举物联网的重点应用领域。

　　答：_____

　　_____

　　_____。

二、物联网的体系架构

1. 物联网的体系架构一般包括 3 层，分别是_____、_____、_____。

2. 物联网 3 层中的_____负责信息采集和物与物之间的信息传输，是联系_____世界和_____世界的纽带。

3. 感知层是由哪 3 层组成的？（　　　）

A. 应用层　　B. 数据采集子层　　C. 短距离通信技术子层　　D. 协同信息处理子层

4. 请列举常见的数据采集技术。

　　答：_____

　　_____。

5. 请列举常见的短距离通信技术。

　　答：_____

　　_____。

6. 请列举物联网中应用到的常见网络。

　　答：_____

　　_____。

7. 应用层一般包括_____和_____两层含义。

8．物联网还需要＿＿＿＿＿＿＿、＿＿＿＿＿＿＿和＿＿＿＿＿＿等公共技术的支撑。

活动二　制订计划

1．阅读资料，小组讨论，根据智慧社区的应用需求罗列出智慧社区的功能模块。

答：＿＿

＿＿。

2．小组合作，用框表示功能模块，请在纸上画出各个功能模块之间的控制或连接关系图。

活动三　任务实施

1．打开 Visio 软件，查看工具栏的形状，尝试绘制一个简单图形。

2. 使用 Visio 软件绘制出智慧社区功能框图，并截图上传，同时在计算机上将其另存为"智慧社区.vsd"。

活动四 考核评价

考核评价分为知识考核和技能考核两部分，其中，知识考核为结果性评价，占 40%；技能考核注重操作过程，占 60%。知识考核由教师根据学生的答题情况完成评定，技能考核由学生自评、互评和师评共同组成。

一、知识考核

（一）多项选择题

1. 物联网在感知层包括以下哪些内容？（　　　）

　　A．传感技术　　　　　B．定位技术　　　　　C．识别技术　　　　　D．云计算

2. 以下是智能设备的有（　　　）。

　　A．平板电脑　　　　　B．工业智能电器　　　C．智能手机　　　　　D．三网电视

3. 下面哪些属于移动互联网的典型应用？（　　　）

　　A．视频电话　　　　　B．手机电视　　　　　C．手机邮件　　　　　D．WAP

4. 以下属于搜索引擎的是（　　　）。

　　A．Google　　　　　B．百度　　　　　　　C．Oracle　　　　　　D．DB2

5. 以下属于物联网安全技术的有（　　　）

　　A．入侵工业控制系统　　　　　　　　　　B．窃取传感器网络发送的数据

　　C．伪造 RFID 图书卡　　　　　　　　　　D．通过智能手机传播木马病毒

6. Google 软件技术的核心要素包括（　　　）。

　　A．GFS　　　　　　　B．BigTable　　　　　C．Map/Reduce　　　D．Hadoop

（二）填空题

1．从物联网的体系架构看，物联网可以分为3层：＿＿＿＿＿＿＿＿、＿＿＿＿＿＿＿＿和＿＿＿＿＿＿＿＿。

2．随着物联网的发展，＿＿＿＿＿＿＿＿将成为解决海量数据存储的主要手段。

（三）判断题

1．物联网就是互联网。（　　　）

2．物联网是互联网应用的延伸和拓展，互联网是实现物（人）与物（人）之间更加全面的互联互通的最重要和最主要的途径。（　　　）

3．WiMAX是实现"最后一千米"传输的重要组成部分。（　　　）

（四）简答题

写出下列英文缩写的英文全称和中文全称。

1．IoT：＿＿＿＿＿＿＿＿＿＿＿＿＿＿＿＿＿＿＿＿＿＿＿＿＿＿＿＿＿＿＿＿＿＿。

2．WSN：＿＿＿＿＿＿＿＿＿＿＿＿＿＿＿＿＿＿＿＿＿＿＿＿＿＿＿＿＿＿＿＿。

3．GPS：＿＿＿＿＿＿＿＿＿＿＿＿＿＿＿＿＿＿＿＿＿＿＿＿＿＿＿＿＿＿＿＿。

二、技能考核

师评主要指教师根据学生完成项目的过程参与程度、规范遵守情况、学习效果等进行综合评价，互评主要指小组内成员根据同伴的协作学习、纪律遵守情况等进行评价，自评指学生自己针对项目学习的收获、学习成长等进行评价。具体考核内容和标准如表1-2所示。

表1-2　技能考核表

序　号	评价模块	评　价　标　准	自评（10%）	互评（10%）	师评（80%）
1	学习准备（10分）	能根据任务要求完成相关信息的收集工作（5分）			
		自学质量（习题完成情况）（5分）			
2	制订计划（30分）	能列出智慧社区的功能（10分）			
		能绘制出智慧社区功能框图（10分）			
		团队合作默契（10分）			
3	任务实施（60分）	能使用Visio软件完成常见基本图形的绘制（10分）			
		能使用Visio软件完成智慧社区功能框图的绘制（20分）			
		能根据本小组任务完成情况进行展评、总结（15分）			
		能完成实训台的桌面整理与清理工作（5分）			
		团队合作默契（5分）			
		实训操作安全且规范（5分）			
4	合计				

项目二　自动识别系统安装与调试

　　智慧社区建设的任务之一是建设智慧超市。智慧超市就是指一种通过采用智能算法实现点对点精准化推荐和消费者自助消费的超市形式，是虚拟、智能的购物平台。作为专业技术人员，你需要完成智慧超市中的条形码识别和标签识别系统的设计与安装，并保障设备正常运行。你可以先查阅并收集与自动识别系统相关的必备知识，以及自动识别系统安装的步骤和方法，再按照"学习引导"部分的活动流程完成本项目的学习，并实现以下学习目标。

1. 能阐述自动识别的含义及系统构成。
2. 能辨别常见的条形码类型并能使用软件制作条形码。
3. 能描述射频识别的概念、系统组成及工作过程。
4. 能识读并正确绘制自动识别系统接线图及布局图。
5. 能参照安装方法完成条形码扫描枪、RFID 中距离一体机等识别设备的安装与调试。
6. 能规范使用工具检测并排除自动识别系统的典型故障。

安全注意事项：

1. 在设备未连接好之前，禁止通电。
2. 在使用条形码扫描枪、RFID 中距离一体机时，要轻拿轻放，避免掉落。
3. 在将数据线插入计算机串口时，注意方向。数据线不要多圈旋转，以免内部线路短路。

必备知识

一、自动识别系统的构成

　　自动识别是应用一定的识别装置，通过被识别物品和识别装置之间的接近活动自动地获取被识别物品的相关信息并提供给后台的计算机处理系统来完成相关后续处理的一种技术。它是构造物品信息实时共享的重要组成部分，可以实现人与物体，以及物体与物体之间的沟通和对话，是物联网的基石。自动识别系统一般由服务器（计算机）、RFID 中距离一体机、条形码扫描枪、超高频读卡器及高频读卡器等设备组成，如图 2-1 所示。

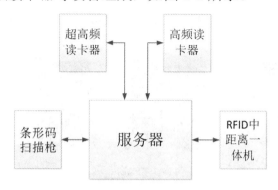

图 2-1　自动识别系统的构成

二、自动识别的类型

按照应用领域和具体特征的分类标准，自动识别可以分为条形码识别、射频识别、生物识别、图像识别、IC 卡识别、磁卡识别、光学字符识别 7 种。本书重点介绍条形码识别和射频识别，其他几种自动识别类型可以扫描右侧二维码进行阅读学习。

扫一扫

1．条形码识别

一维条形码是由平行排列的宽窄不同的线条和间隔组成的二进制编码。宽窄不同的线条和间隔的排列次序可以解释成数字或字母，可以通过光学扫描对一维条形码进行阅读，即根据黑色线条和白色间隔对激光的不同反射来识别。一维条形码如图 2-2 所示。

图 2-2　一维条形码

二维条形码（二维码）是在一维条形码无法满足实际应用需求的前提下产生的。由于受信息容量的限制，一维条形码通常对物品进行标识，而不对物品进行描述。二维码能够在横向和纵向两个方向上同时表达信息，因此能在很小的面积内表达大量的信息。二维码如图 2-3 所示。

图 2-3　二维码

条形码符号是图形化的编码符号，要对条形码符号进行识读，就要借助一定的专用设备，将条形码符号中含有的编码信息转换成计算机可识别的数字信息。常见的条形码识读设备有手持式条形码扫描枪、固定式条形码扫描器、手持数据采集器，如图 2-4 所示。

（a）手持式条形码扫描枪　　　　（b）固定式条形码扫描器　　　　（c）手持数据采集器

图 2-4　常见的条形码识读设备

应用实践——制作条形码

（1）制作一维条形码。

制作一维条形码的软件有很多，如 FreeBarcode，它是一款完全免费的绿色版软件，可以直接运行使用，如图 2-5 所示。

（2）制作二维码。

下载相关二维码制作软件，如爱二维码，如图 2-6 所示。使用爱二维码软件进行二维码的制作，制作完成后将二维码图片导出，并利用软件进行排版，通过设备打印输出。

扫一扫

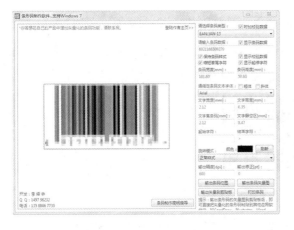

图 2-5　一维条形码制作软件——FreeBarcode　　　图 2-6　二维码制作软件——爱二维码

2．射频识别

射频识别（RFID）是一种无线自动识别技术，它利用射频方式进行非接触双向通信，以达到自动识别目标对象并获取相关数据的目的。RFID 系统由电子标签、阅读器、中间件和计算机组成，如图 2-7 所示。其中各组成部分的作用及实例如表 2-1 所示。

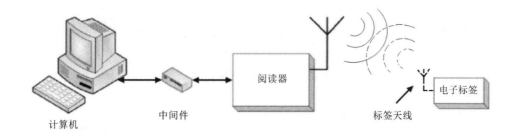

图 2-7　RFID 系统组成

表 2-1　RFID 系统各组成部分的作用及实例

类　别	作　用	实　例
电子标签	由标签芯片和标签天线构成。标签天线接收阅读器发出的射频信息，标签芯片对接收的信息进行解调、解码，并对内部保存的数据信息进行编码、调制，由标签天线将已调信息发射出去	
阅读器	完成与电子标签之间和计算机之间的通信，对阅读器与电子标签之间传送的数据进行编码、解码、加密、解密；具有防碰撞功能，能够实现同时与多个电子标签进行通信	
中间件	不仅屏蔽了 RFID 设备的多样性和复杂性，还可以支持各种标准的协议和接口，将不同操作系统或不同应用系统的应用软件集成起来	
计算机	直接面向 RFID 应用的最终用户的人机交互界面。它以可视化的界面协助用户完成对阅读器的指令操作和对中间件的逻辑设置，逐级将 RFID 技术事件转化为用户可以理解的业务事件	

　　RFID 系统的基本工作过程：阅读器将要发送的信号经编码后加载在某一频率的载波信号上并经天线向外发送；进入阅读器工作区域的电子标签接收此脉冲信号，电子标签被激活，它将自身信息经由标签天线发射出去；阅读器通过内置天线接收电子标签发出的载波信号，对收到的信号进行解调、解码，针对不同的设定做出相应的处理和控制。

操作方法

本项目需要安装的自动识别系统及其接线关系如图 2-8 所示。其中，超高频读卡器和高频读卡器通过 USB 直接插入服务器的 USB 接口。RFID 中距离一体机的电源使用电源适配器 12V 供电，数据口使用串口线连接在服务器串口 COM 上。

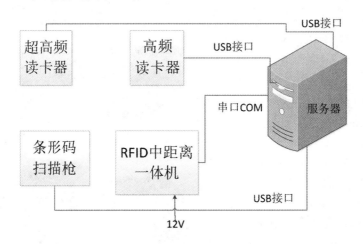

图 2-8　本项目需要安装的自动识别系统及其接线关系

为提高系统安装与调试的成功率，请严格按照"设备布局→设备安装→线路连接→系统调试→故障排除"的流程进行操作。操作过程中还需要结合场地尺寸、使用要求、操作规范等灵活调整施工方案。以下仅针对各施工环节的关键技术或重点操作做强调说明。

一、设备布局

在进行设备布局时，要考虑设备与计算机之间的距离，以免超出数据线长度。图 2-9 是根据实训室设备操作间上的尺寸设计的布局规划图，仅供参考。

图 2-9　布局规划图

二、设备安装

★设备安装时需要团队合作，防止设备掉落摔坏。

★设备安装牢固，无松动。

1. 安装手持式条形码扫描枪（见图 2-10）

连接：将手持式条形码扫描枪的 USB 接口与计算机连接。连上之后，将会听见手持式条形码扫描枪发出"嘀嘀嘀"的 3 声，表明安装完成（不需要安装驱动）。

取线：用一个小别针插入取线孔，稍微用力挤压就可以拔出数据线。

图 2-10 手持式条形码扫描枪的连接与取线

调试：如图 2-11 所示。

（1）首先确保手持式条形码扫描枪、数据线、数据接收计算机和电源等已正确连接，然后开机。

（2）按住触发键，照明灯被激活，出现红色照明区域及红色对焦线。

（3）将红色对焦线对准条形码中心，移动手持式条形码扫描枪并调整它与条形码之间的距离，以此来找到最佳识读距离。

（4）听到成功提示音响起，同时红色对焦线熄灭，表明读码成功。手持式条形码扫描枪将解码后的数据传输至计算机。

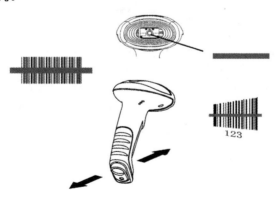

图 2-11 手持式条形码扫描枪正确扫码图示

2. 安装 RFID 中距离一体机

线束连接的具体操作如下。

（1）对准连接器缺口，连接电源线。RFID中距离一体机的电源接口如图2-12所示。

（2）将DB9头不需要用到的预留线用黑胶布分开，否则信道之间会相互干扰，影响通信。RFID中距离一体机的数据线如图2-13所示。

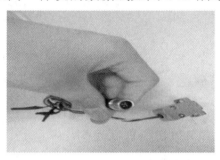

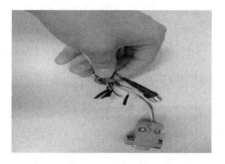

图2-12　RFID中距离一体机的电源接口　　　图2-13　RFID中距离一体机的数据线

（3）将RFID中距离一体机的串口连接到计算机的COM口上。

参数配置：操作步骤如表2-2所示。

扫一扫

表2-2　参数配置的操作步骤

操 作 步 骤	操 作 说 明	操 作 演 示
1. 打开文件	在配套资料文件目录中找到配置程序，双击打开UHFReader18demomain.exe文件	
2. 打开串口	在配置程序中打开对应的COM口	

① 注：软件图中的"通讯"的正确写法为"通信"。

续表

操 作 步 骤	操 作 说 明	操 作 演 示
3．选择工作模式	因为后面的商超场景需要使用应答模式，所以设置RFID中距离一体机的工作模式为应答模式	
4．功能测试	先在配置软件中选择【EPCC1-G2 Test】选项卡，然后放一个超高频标签在RFID中距离一体机上，单击【查询标签】按钮，如果左侧有标签 ID 显示，则表示设备连接成功	

三、线路连接

严格按照接线图进行线路连接，且接线时应注意以下几点。

★在实训台上有交流 220V、直流 24V/12V/5V 电源，在连接电源时要注意设备供电与电源电压是否一致。

★接线、压线时注意不要压到绝缘层，但是也不能留得过长，以免发生漏电触电现象。

★接线端的连接要安装牢固，如转换器要用螺钉拧紧。

★信号线和电源线要按照规范走线槽，不能散乱在外面。

四、系统调试

在通电调试系统功能之前，要先在断电状态下完成线路和工艺检查。

1．线路检查

★依据安装布局图检查设备是否安装准确，设备安装是否牢固。

★依据线路接线图和实物判断系统接线是否正确。

★检查导线与接线端子之间的电气连接是否接触良好，是否有裸露导线。

2．工艺检查

★检查导线布线是否规范，尽量将电源线和信号线分开走线。

★对连接线进行绑扎，使其固定在线槽内或网孔板上。

3．通电调试流程

（1）手持式条形码扫描枪功能检测。

新建一个 Word 文档或文本文档，用手持式条形码扫描枪扫描矿泉水瓶上的条形码，此时条形码对应的编码能在文档中显示出来，证明功能正常。

（2）RFID 中距离一体机的功能检测。

① 检测串口是否能够正常打开。将 RFID 中距离一体机配置程序打开，选择 COM1 口，单击【打开端口】按钮，如果能打开，则证明串口能够正常通信；如果不能打开，则需要检查串口连接是否正常，以及 RFID 中距离一体机的电源是否正常等。

② 检测 RFID 中距离一体机中是否能正常识读标签。将标签靠近 RFID 中距离一体机，如果在软件中有 ID 显示，则表示功能正常。

五、故障排除

在系统调试过程中，很可能会出现故障，表 2-3 列出了常见的故障现象及其解决措施。

表 2-3 常见的故障现象及其解决措施

序 号	故 障 现 象	故 障 点	解 决 措 施
1	串口无法打开	串口被占用	重启计算机，释放串口
		串口线未接好	拔下串口，重新插入
2	条形码无法识别	使用方法不对	将红色对焦线正对条形码中心，不能倾斜

学习引导

活动一　学习准备

一、自动识别系统的构成

1．自动识别是应用一定的_____，通过被识别物品和识别装置之间的_____自动地获取_____的相关信息并提供给后台的计算机处理系统来完成相关后续处理的一种技术。

2．自动识别是构造物品信息实时共享的重要组成部分，可以实现_____与物体，以及_____与物体之间的沟通和对话，是物联网的基石。

3．下列对自动识别技术的说法错误的是（　　　）。

　　A．自动识别技术是物联网中非常重要的技术

　　B．自动识别技术融合了物理世界和信息世界

　　C．自动识别技术可以对每个物品进行标识和识别，但无法对数据进行实时更新

　　D．自动识别技术是一种高度自动化的信息、数据采集技术

二、自动识别的类型

1．自动识别可以分为_____7 种。

2．生活中常见的条形码主要包含_____和_____。

3．判断：与二维码相比，一维条形码对信息的表达能力更强。（　　　）

4．常见的条形码识读设备主要有_____、_____、_____。

5．RFID 技术是一种_____自动识别技术。

6．下列属于 RFID 系统组成部分的是（　　　）。

　　A．采集器　　　　　　B．中间件　　　　　　C．电子标签　　　　　　D．扫描枪

　　E．阅读器　　　　　　F．传感器　　　　　　G．计算机

7. 完成如图 2-14 所示的 RFID 系统组成框图。

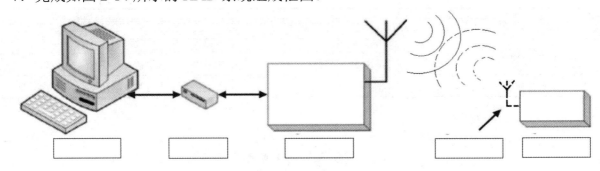

图 2-14　RFID 系统组成框图

8. 将下面的名称与其所对应的功能进行连线。

电子标签　　　　　　支持各种标准的协议和接口，将不同操作系统或不同应用系统的应用软件集成起来

阅读器　　　　　　　面向 RFID 应用的最终用户的人机交互界面

中间件　　　　　　　主要完成与电子标签之间和计算机之间的通信

计算机　　　　　　　接收阅读器发出的射频信息后经解调、解码、编码、调制后发射出去

9. 人脸识别技术属于（　　　）识别技术。

　A．图像识别技术　　　　　　　　B．生物识别技术

　C．RFID 技术　　　　　　　　　　D．光学识别技术

三、自动识别设备的使用

1. 条形码扫描枪的数据线接口是＿＿＿＿＿＿＿＿。

2. 条形码扫描枪的取线方法是＿＿＿＿＿＿＿＿＿＿＿＿＿＿＿＿＿＿。

3. 条形码扫描枪在使用过程中的注意事项：＿＿。

4. RFID 中距离一体机的供电电压为＿＿＿＿＿＿＿＿。

5. RFID 中距离一体机在工作时要设置成＿＿＿＿＿＿＿＿模式。

活动二　制订计划

一、绘制自动识别系统接线图

阅读资料，完成图 2-15 中的自动识别系统的接线。

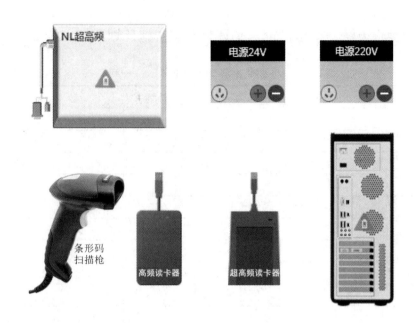

图 2-15　自动识别系统接线图

二、绘制自动识别系统布局图

小组讨论，完成合适的布局图设计，并利用 Visio 软件绘制布局图，保存为"自动识别系统布局图.vsd"。

三、制订任务实施计划

1. 小组讨论，根据操作方法中的提示写出 RFID 中距离一体机的检测方法。

答：_____

_____

_____

_____。

小智提醒：

RFID 中距离一体机的检测方法主要是通过功能验证的方式实现的。检测时，RFID 中距离一体机可不安装在实训台上。

2. 阅读前面的操作方法，小组讨论，制订合理的实施计划并填入表 2-4 中。

表 2-4　计划书

计划书		
项目名称		项目施工时间	
施工地点		项目负责人	
人员任务分配	施工人员	负责任务	任务目标
施工步骤	步骤名称	完成时间	目标及要求（含结果及工艺）

活动三　任务实施

一、自动识别系统的安装与调试

根据制订的计划完成任务，并完成施工单的填写，如表 2-5 所示。

表 2-5　施工单

施工单			
项目名称		项目施工时间	
施工地点		项目负责人	
施工记录	施工步骤	现场情况反馈	处理方法及注意事项	用时
施工人员（签字）		记录员（签字）	
		项目经理（签字）	

二、自动识别系统的故障现象及排除

将自动识别系统安装完成后，打开 RFID 中距离一体机配置程序软件，进行调试，如果发

24

现故障，那么小组应合作排除故障，并完成故障排除表的填写，如表 2-6 所示。

表 2-6 故障排除表

序　号	故 障 现 象	故 障 点	解 决 措 施
1			
2			
3			
4			
5			

活动四　考核评价

考核评价分为知识考核和技能考核两部分，其中，知识考核为结果性评价，占 40%；技能考核注重操作过程，占 60%。知识考核由教师根据学生的答题情况完成评定，技能考核由学生自评、互评和师评共同组成。

一、知识考核

（一）选择题

1．下列不属于自动识别技术的是（　　）。

　　A．条形码识别技术　　　　　　B．磁条磁卡识别技术

　　C．RFID 技术　　　　　　　　　D．传感器技术

2．二维码和一维条形码存储信息的不同点在于（　　）。

　　A．一维条形码可以存储汉字，二维码不可以

　　B．二维码可以存储汉字，一维条形码不可以

　　C．一维条形码可以存储数字，二维码不可以

　　D．二维码可以存储数字，一维条形码不可以

3．在使用 RFID 中距离一体机时，设备的工作模式应选为（　　）。

　　A．应答模式　　　　　　　　　　B．主动模式

　　C．触发模式（高电平）　　　　　D．触发模式（低电平）

（二）填空题

1．自动识别是应用一定的识别装置，通过＿＿＿＿＿＿＿和＿＿＿＿＿＿＿之间的接近活动自动地获取被识别物品的相关信息并提供给后台的计算机处理系统来完成相关后续处理的一种技术。

2．一维条形码是由平行排列的宽窄不同的＿＿＿＿＿＿和间隔组成的二进制编码。

3．在 RFID 系统中，负责接收和解调信息的模块是＿＿＿＿＿＿。

（三）判断题

1．条形码扫描枪主要用于扫描条形码所包含的信息。（　　　）

2．RFID 技术是一种无线自动识别技术。（　　　）

二、技能考核

师评主要指教师根据学生完成项目的过程参与程度、规范遵守情况、学习效果等进行综合评价，互评主要指小组内成员根据同伴的协作学习、纪律遵守情况等进行评价，自评指学生自己针对项目学习的收获、学习成长等进行评价。具体考核内容和标准如表 2-7 所示。

表 2-7　技能考核表

序　　号	评价模块	评 价 标 准	自评 (10%)	互评 (10%)	师评 (80%)
1	学习准备 （10分）	能根据任务要求完成相关信息的收集工作（5分）			
		自学质量（习题完成情况）（5分）			
2	制订计划 （30分）	能完成自动识别系统接线图和布局图的绘制（10分）			
		能检测 RFID 中距离一体机的质量（10分）			
		小组合作制订出合理的实施计划（10分）			
3	任务实施 （60分）	能完成自动识别系统的安装与调试（15分）			
		能排除自动识别系统在安装与调试过程中出现的故障（15分）			
		能根据本小组任务完成情况进行展评、总结（15分）			
		能完成实训台的桌面整理与清理（5分）			
		团队合作默契（5分）			
		实训操作安全且规范（5分）			
4	合计				

项目三　温湿度采集系统安装与调试

作为智慧社区建设之一的温湿度采集系统，其任务是对社区环境的温度和空气湿度进行实时检测与监控，并将检测结果送至计算机进行处理，以数据或图形在显示器上直观、动态地显示出来，方便社区工作人员及时为社区居民发布提示信息和合理进行社区环境花草作物的养护。作为专业技术人员，你需要在社区完成整套温湿度采集系统的安装接线和功能调试工作。请参照实际工程项目实施流程开展学习，进而实现以下学习目标。

1. 能识别温湿度采集系统的设备，并解释其作用。
2. 能区分常见的传感器，并能识读其参数。
3. 能识读并绘制温湿度采集系统接线图。
4. 能按照操作规范和工艺要求安装、调试温湿度采集系统。
5. 能运用常用的排故方法排除温湿度采集系统的故障。

安全注意事项：
1. 在安装各种设备时，注意挂装时的工具使用安全，避免划伤手。
2. 注意设备接线时的正负极不能短路。
3. 在安装位置比较高的设备时，注意上、下扶梯安全。

必备知识

一、温湿度采集系统的构成

温湿度采集系统由温湿度传感器、模拟量采集器 4017（ADAM-4017）、RS-485 通信接口、计算机等组成，如图 3-1 所示。该系统在工作时，由温湿度传感器检测环境的温度和湿度信息并将其转换成模拟量电信号输出，模拟量采集器 4017 将温湿度传感器输出的模拟量电信号采集输出给 RS-485 通信接口，最终转换成数字量传给计算机进行处理并显示出来。

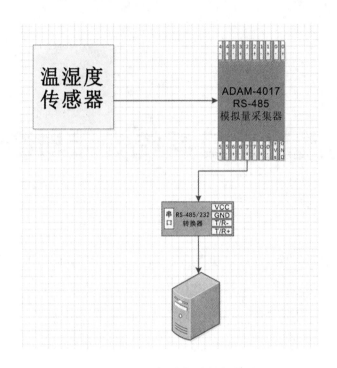

图 3-1 温湿度采集系统的构成

二、温湿度采集设备

（一）传感器

1．传感器的构成

传感器是一种检测装置，能感受诸如力、温度、光、声、化学成分等非电学量，并能把它们按照一定的规律转换为电压、电流等电学量或其他所需形式的信息进行输出。在不同的应用领域，对它的叫法不同。例如，在过程控制中，将它称为变送器；在射线检测过程中，将它称为发送器、接收器或探头。

传感器一般由敏感元件、转换元件和转换电路 3 部分组成，有时会加上辅助电源，如图 3-2 所示。其中，敏感元件是直接感受被测量信息（如温度、湿度、光照等），并输出与被测量信息呈确定关系的物理量，通常由对某信息有敏感特性的材料制成，如光敏、热敏、声敏等元件；转换元件把敏感元件输出的被测量信息转换成适于传输或测量的电信号；转换电路对转换元件输出的电信号进行放大、滤波、运算、调制等。此外，转换电路及传感器的工作都必须有辅助电源。

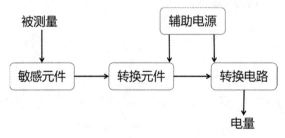

图 3-2 传感器的组成

2．传感器的类型

按不同的分类方式，传感器的名称不同。例如，按用途分类，传感器有压力传感器、液位传感器、速度传感器、射线辐射传感器、热敏传感器等；按输出信号分类，有数字量传感器和模拟量传感器。数字量传感器将被测量的非电学量转换（包括直接转换和间接转换）成数字输出信号，即输出一个设定的低电平或高电平信号。模拟量传感器将被测量的非电学量转换成模拟电信号。模拟量传感器又可分为电流式传感器和电压式传感器两种。由于电流信号远距离传送不会有衰减现象，电压信号远距离传送在导线上会有压降，因此产品中使用的传感器大部分都是电流式传感器。表 3-1 列出了实训室常用的几种模拟量传感器。

表 3-1　实训室常用的几种模拟量传感器

名　　称	线序分布	特　　点	参　　数
温湿度传感器	温湿度传感器 蓝红绿黑 红：+；黑：-； 蓝：温度；绿：湿度	外壳材质采用耐冲击、非可燃性工业塑料，外观精巧，安装方便；采用品质优良的数字温湿度传感器和低功耗单片机，响应时间短，精度高，稳定性好	工作电流：50mA 测量范围如下。 温度：-50～-20℃ 湿度：(0%～100%)RH 输出电流如下。 温度：4～20mA 湿度：4～20mA
光照传感器	光照传感器 黑 红 蓝 红：+；黑：-； 蓝/黄：信号线	采用高灵敏度的光敏元件作为传感器，测量范围广、使用方便、便于安装、传输距离远等	电流：4～20mA 电压：0～5V（盲区为30mV）
大气压力传感器	大气压力传感器 黑 红 蓝 红：+；黑：-； 蓝：信号线	适用于各种环境的大气压力测量	输出电流：4～20mA 电压：0～5V（盲区为30mV）

29

名　　称	线序分布	特　　点	参　　数
空气质量传感器	红 黑 黄 红：+；黑：-； 黄：信号输出	此传感器是一种半导体气体传感器，对各种空气污染都有很高的灵敏度，响应时间短，可在极低的功耗下获得很好的感应特征	工作温度：0～40℃ 相对湿度：＜95%RH
风速传感器	黑 红 蓝 红：+；黑：-； 蓝：信号线	风速传感器是具有高灵敏度、高可靠性的风速观测仪器，采用三风杯式传统风速传感器结构，风杯的旋转带动内部锯齿状红外栅栏转动，经过红外效应变成脉冲信号进行采集，经过精密微型计算机得到风速值。该方式测风速的动态特性好、测量平滑。本仪器有多样化输出，并有多种输入可选，方便用户搭配各种嵌入式系统或工业集成系统	测量范围：0～70m/s 分辨率：0.1m/s 精度：±0.3m/s 供电方式：DC 24V 输出形式：电流 4～20mA 防护等级：IP45
二氧化碳传感器	二氧化碳传感器 黑 红 蓝 红：+；黑：-； 蓝：信号线	采用红外二氧化碳传感器，具有很好的选择性，无氧气依赖，寿命长，并且内置温度传感器，可以进行温度补偿	量程：0～5000ppm 响应时间：＜30s

　　实训室使用的模拟量传感器多数都采用三线制，即一根电源线（电源正极），两根信号线（正、负极），其中一根共 GND（电源和信号负极共用）。随着技术的发展，目前传感器向着两线制方向发展，且在此基础上实现了数据通信。当然，也有采用四线制的情况，但多数是大功率传感器。

　　传感器在稳定信号作用下的输入-输出关系称为静态特性。衡量传感器静态特性的指标主要有线性度、灵敏度、迟滞、重复性、漂移、精度、稳定性。

（二）模拟量采集器 4017

模拟量采集器 4017 是一款用于采集 0～5V 电压信号、4～20mA 电流信号的智能采集模块，如图 3-3 所示。它的主要作用是采集传感器输出的电压和电流信号并输出给 RS-485/232 转换器通信接口，如图 3-4 所示。RS-485/232 转换器与上位机（计算机）相连接，通信协议采用工业通信标准的 Modbus RTU 协议。

扫一扫

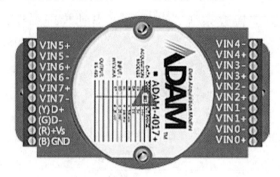

图 3-3 模拟量采集器 4017 的外观

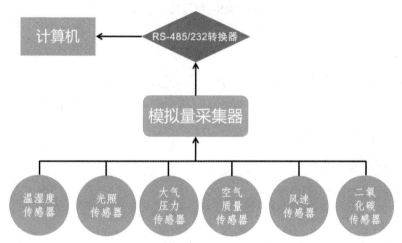

图 3-4 模拟量采集器在系统中的位置

ADAM-4017/4017+是 16 位 A/D 8 通道的模拟量输入模块，ADAM-4017+支持 8 路差分信号，各通道可独立设置其输入范围，同时在模块右侧使用一个拨码开关来进行 INT*和正常工作状态的切换。

三、RS-485/232 转换器

1. 概述

为了在具有不同标准串口的计算机、外部设备或智能仪器之间进行远程数据通信，必须进行标准串口的相互转换。转换器兼容 RS-232、RS-485 标准，能够将单端的 RS-232 信号转换为平衡差分的 RS-485 信号；可将 RS-232 的通信距离延长至 1.2km，而无须外接电源采用独特的"RS-232 电荷泵"驱动，也不需要靠初始化 RS-232 串口得到电源；内部带有零延时自动收发转换装置，独有的 I/O 电路可自动控制数据流方向，而无须任何握手信号（如 RTS、DTR 等），从而保证了在 RS-232 半双工方式下编写的程序无须更改便可在 RS-485 方式下运行，确保适合现有的操作软件和接口硬件；传输速率为 300bit/s～115.2kbit/s；可以应用于主控机之间、主控机与单片机或外设之间构成点到点、点到多点远程多机通信网络，实现多机应答通信。研通 RS-485/232 转换器广泛地应用于工业自动化控制系统、一卡通、门禁系统、停车场系统、自助银行系统、公共汽车收费系统、饭堂售饭系统、公司员工出勤管理系统、公路收费站系统等。RS-485/232 转换器如图 3-5 所示。

图 3-5　RS-485/232 转换器

2．性能参数

接口特性：接口兼容 EIA/TIA 的 RS-232C、RS-485 标准。

电气接口：RS-232 端 DB9 孔型连接器，RS-485 端 DB9 针型连接器，配接线柱。

工作方式：异步半双工差分传输。

传输介质：双绞线或屏蔽线。

传输速率：300bit/s～115.2kbit/s。

外形尺寸：63mm×33mm×17mm。

使用环境：−25～70℃，相对湿度为 5%～95%。

传输距离：1200m（RS-485 端），5m（RS-232 端）。

3．引脚分配

RS-232 引脚说明如表 3-2 所示。

表 3-2　RS-232 引脚说明

引　脚	简　写	功 能 说 明	备　注
1	DCD	数据载波检测	—
2	RXD	串口接收数据	必连
3	TXD	串口发射数据	必连
4	DTR	数据终端就绪	—
5	GND	地线	必连
6	DSR	数据发送就绪	—

续表

引　　脚	简　　写	功 能 说 明	备　　注
7	RTS	请求发送	—
8	CTS	清除发送	—
9	RI	铃声指示	—

RS-485 引脚说明如表 3-3 所示。

表 3-3　RS-485 引脚说明

引　　脚	简　　写	RS-485 半双工接线	备　　注
1	T/R+	RS-485（A+）	必连
2	T/R−	RS-485（B−）	必连
3	RXD+	空	—
4	RXD−	空	—
5	GND	地线	—
6	VCC	+5V 备用电源	—

4．接线方法

UT-201 接口转换器支持两种通信方式：点到点双绞线半双工通信方式（见图 3-6）、点到多点双绞线半双工通信方式（见图 3-7）。

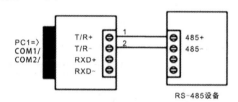

图 3-6　UT-201 接口转换器点到点双绞线半双工通信方式

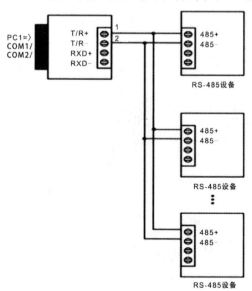

图 3-7　UT-201 接口转换器点到多点双绞线半双工通信方式

操作方法

为提高系统安装的成功率，请严格按照"设备安装→线路连接→系统调试→故障诊断及排除"的流程操作。操作过程中还需要结合场地尺寸、使用要求、操作规范等灵活调整施工方案。以下仅针对各施工环节中的关键技术或重点操作做强调说明。

一、设备安装

扫一扫

先按照图 3-1，结合场地实际尺寸规划设备布局，确定安装位置。需要做到设备布局紧凑，安装位置与信号走向基本一致，安装牢固。

温湿度传感器和 RS-485/232 转换器：安装时用螺钉将底座固定于规划的位置上。

模拟量采集器 4017：先将配套的长方形小塑料板安装在规划的位置上，把模拟量采集器 4017 表面的两颗螺钉旋松，再把模拟量采集器 4017 背后的螺钉孔对准长方形小塑料板，将模拟量采集器 4017 安装在上面。

二、线路连接

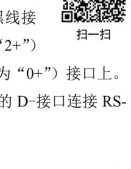
扫一扫

按照图 3-8 进行线路连接，该系统中温湿度传感器的红线接+24V；黑线接 GND；绿线 HUMI 是湿度信号线，接在 ADAM-4017 的 vin2+（图中简写为"2+"）接口上；蓝线 TEMP 是温度信号线，接在 ADAM-4017 的 vin0+（图中简写为"0+"）接口上。ADAM-4017 的 D+接口连接 RS-485/232 转换器的 T/R+接口；ADAM-4017 的 D-接口连接 RS-485/232 转换器的 T/R-接口。

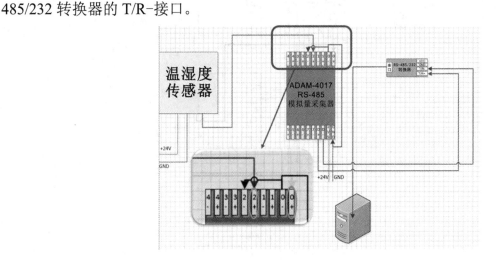

图 3-8　温湿度采集系统接线图

线路连接的工艺要求如下。

（1）信号线与电源线的连接注意区分颜色，方便识别，且电源线的横截面积要大于信号线的横截面积。

（2）其他线的连接要注意安装牢固，如 RS-485/232 转换器要用螺钉拧紧。

（3）接线、压线时注意不要压到绝缘层，但是也不能留得过长，以免发生漏电触电现象。

（4）对连接线进行绑扎，使其固定在网孔板上。

（5）对整个系统设备及连接线进行整形，使其规范、美观。

注意：如果用户现有的传感器只有 3 根线，则不需要接地，可以正常使用。

三、系统调试

1．线路检查

（1）依据布局图检查设备是否安装准确。

（2）依据接线图和实物判断系统接线是否正确。

（3）检查设备安装是否牢固。

（4）检查导线走线是否规范。

（5）在检查过程中，注意安全用电，不得打开电源，以免触电和损坏设备。

（6）用万用表检查电源是否存在短路情况。

2．通电调试

（1）打开数据采集软件。

（2）硬件通电，观察数据。

四、故障诊断及排除

在系统的调试过程中，可能会出现数据不正确的情况，可参考以下顺序进行故障诊断与排除。

（1）用万用表检查电源是否正常工作。

（2）用万用表检查信号线连接是否正常。

（3）检查串口与计算机连接是否正常，可重新拔插。

（4）检查数据采集软件的串口设置是否正确。

学习引导

活动一　学习准备

一、传感器的作用及组成

1. 传感器是将_____量或_____量转换成便于利用的_____的器件。

2. 请简要描述在自动化生产过程中传感器起到的作用。

答：_____

_____。

3. 请完成图 3-9 中的传感器的组成框图。

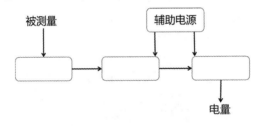

图 3-9　传感器的组成框图

二、传感器的分类

1. 根据用途分类，常见的传感器有_____

_____。

2. 按输出信号分类，常见的传感器可以分为_____、_____。

三、常见的模拟量传感器

1. 模拟量传感器将被测量的非电学量转换成_____。

2. 请观察实训室温湿度传感器实物，在图 3-10 中标出它的电源正极、电源负极和信号线。

图 3-10　温湿度传感器实物图

3．温湿度传感器输出电流的范围是_____。

4．温湿度传感器的供电电压是_____。

5．温湿度传感器能测量的温度范围是_____，能测量的湿度范围是_____。

6．常见传感器的识别。

请观察实训室所有的传感器，找出其中的模拟量传感器，并将其名称及相关的参数填在表 3-4 中。

表 3-4　常见的模拟量传感器识别

传感器名称	线 序 分 布	供 电 电 压	信 号 输 出 形 式	测 量 范 围
温湿度传感器	红：+；黑：-； 蓝：温度；绿：湿度	+24V	电流 4～20mA	温度：-50～-20℃ 湿度：(0%～100%)RH

四、模拟量采集器的使用

1．ADAM-4017 的供电电压是_____V。

2．ADAM-4017 有_____个输入通道，可以采集_____、_____等模拟量输入信号。

活动二　制订计划

一、绘制温湿度采集系统布局图

小组讨论，完成合适的布局图设计，并利用 Visio 软件绘制布局图，保存为"温湿度采集系统布局图.vsd"。

二、绘制温湿度采集系统接线图

如图 3-11 所示，先在图纸上完成温湿度采集系统接线图，再使用 Visio 软件在计算机上绘制温湿度采集系统接线图，并保存为"温湿度采集系统接线图.vsd"。

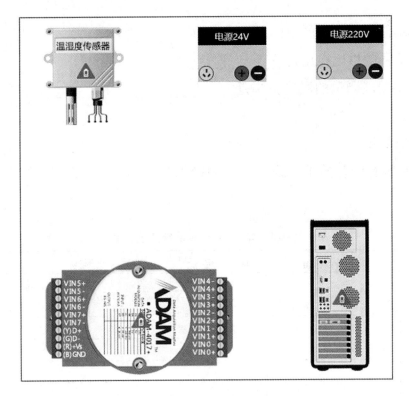

图 3-11　温湿度采集系统接线图

三、制订任务实施计划

1. 小组讨论，根据温湿度传感器的输出信号形式写出其质量检测方法。

答：_____

_____。

扫一扫

小智提醒：测量方法

　　在进行质量检测时，注意使用万用表测电压输出时，它是并联在被测信号与负极两端的，测量电流输出时是串联在被测信号线上的，通过改变周围环境来观察被测信号的电压与电流的变化。

2. 小组讨论，根据学习资料提示制订合理的任务实施计划，并完成如表 3-5 所示的计划书的填写。

小智提醒：如何制订计划

　　温湿度采集系统常见的施工任务包含设备选型与检测、设备安装与固定、设备接线、冷态测试、通电调试、系统调试与运行等。

表 3-5　计划书

_____计划书			
项目名称		项目施工时间	
施工地点		项目负责人	
人员任务分配	施工人员	负责任务	任务目标
施工步骤	步骤名称	完成时间	目标及要求（含结果及工艺） 施工人员

活动三　任务实施

一、温湿度采集系统的安装与调试

根据制订的计划完成任务，并完成施工单的填写，如表 3-6 所示。

表 3-6　施工单

_____施工单					
项目名称		项目施工时间			
施工地点		项目负责人			
施工记录	施工步骤	现场情况反馈	处理措施与注意事项	用时	施工人员
施工人员（签字）		记录员（签字）			
		项目经理（签字）			

二、故障诊断及排除

温湿度采集系统完成以后，发现在 App 上不能看到数据，请小组合作讨论排除故障的方法，并按照所讨论的方法将对应的故障点和解决措施填在表 3-7 中。

表 3-7　故障排除表

现象：无正确数据显示	故　障　点	解　决　措　施
排故步骤		

活动四　考核评价

考核评价分为知识考核和技能考核两部分，其中，知识考核为结果性评价，占 40%；技能考核注重操作过程，占 60%。知识考核由教师根据学生的答题情况完成评定，技能考核由学生自评、互评和师评共同组成。

一、知识考核

（一）选择题

1. 一般来说，传感器由（　　）几部分组成。

　　A．敏感元件　　　　　B．转换元件　　　　　C．转换电路　　　　　D．电源

2. 传感器网络中的传感器节点由以下哪些模块组成？（　　）

　　A．传感模块　　　　　　　　　　　　B．电源模块

　　C．无线通信模块　　　　　　　　　　D．微处理器最小系统

3. 在以下几种传感器当中，（　　）属于自发电型传感器。

　　A．电容式　　　　　　B．电阻式　　　　　　C．压电式　　　　　　D．电感式

（二）填空题

1. 传感器由_____、_____、_____3 部分组成。

2. 利用热敏电阻对电动机实施过热保护，应选择_____型热敏电阻。

3. 转换元件把_____的输出作为它的输入。

4. 风速传感器的供电电压是_____V。

（三）简答题

1. 简述传感器的性能指标。

　　答：_____。

2. 按用途分类，传感器可分为哪几种？

　　答：_____。

3. 简述模拟量传感器与数字量传感器的区别。

　　答：_____。

二、技能考核

师评主要指教师根据学生完成项目的过程参与程度、规范遵守情况、学习效果等进行综合评价，互评主要指小组内成员根据同伴的协作学习、纪律遵守情况等进行评价，自评主要指学生自己针对项目学习的收获、学习成长等进行评价。具体考核内容和标准如表 3-8 所示。

表 3-8　技能考核表

序　号	评价模块	评　价　标　准	自评（10%）	互评（10%）	师评（80%）
1	学习准备（10分）	能根据任务要求完成相关信息的收集工作（5分）			
		自学质量（习题完成情况）（5分）			
2	制订计划（30分）	能完成温湿度采集系统布局图的绘制（10分）			
		能完成温湿度采集系统接线图的绘制（10分）			
		小组合作制订出合理的项目实施计划（10分）			
3	任务实施（60分）	能完成温湿度采集系统的安装与调试（20分）			
		能排除温湿度采集系统在安装与调试过程中出现的故障（10分）			
		能完成拓展任务（10分）			
		能根据本小组任务完成情况进行展评、总结（5分）			
		能完成实训台的桌面整理与清理（5分）			
		团队合作默契（5分）			
		实训操作安全且规范（5分）			
4	合计				

项目四　防盗系统安装与调试

在智慧社区的建设过程中，为了给社区居民提供安全的居住环境，防盗系统必不可少。常见的防盗系统主要包括人体红外感知检测、红外对射检测及摄像头监控。现对该社区完成包含以上 3 种功能的防盗系统的安装与调试。通过查阅并收集与防盗系统相关的必备知识、防盗系统安装的步骤和方法，按照"学习引导"部分的活动流程完成本项目的学习，并达成以下学习目标。

1. 能识别常见的数字量传感器，并能描述其工作特点。
2. 能识读数字量采集器的输入、输出通道。
3. 能正确识读并绘制防盗系统接线图。
4. 能按照操作规范和工艺要求完成防盗系统的安装与调试。
5. 能规范使用工具排除防盗系统的典型故障。

安全注意事项：

1. 在安装各种设备时，注意挂装时的工具使用安全，避免划伤手。
2. 注意设备接线时的正负极不能短路。
3. 在安装位置比较高的设备时，注意上、下扶梯安全。

必备知识

一、防盗系统的构成

防盗系统由人体红外传感器、红外对射传感器、数字量采集器 4150（ADAM-4150）、摄像头、RS-485/232 转换器、计算机等组成，如图 4-1 所示。它在工作时，由人体红外传感器检测是否有人入侵，并将其转换成数字信号输出，ADAM-4150 将人体红外传感器输出的数字信号采集输出给 RS-485/232 转换器后传送给计算机处理，并通过声音或图像显示出来；摄像头通过网络与计算机连接，以进行实时监控和记录。

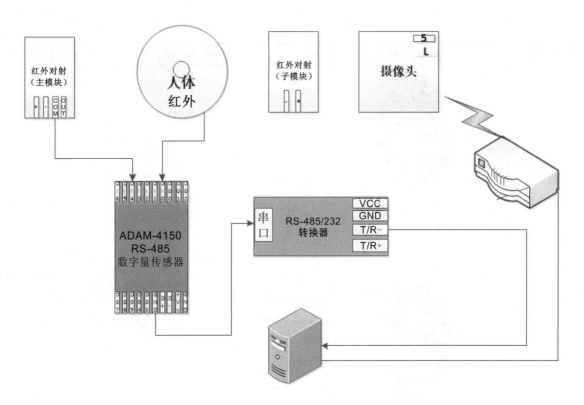

图 4-1　防盗系统拓扑图

二、常见的数字量传感器

数字量（开关量）传感器将被测量的非电学量转换成数字信号，当这个被测量信号达到某个特定的阈值时，传感器相应输出一个设定的高电平或低电平信号。常见的数字量传感器的线序分布和工作特点如表 4-1 所示。

表 4-1　常见的数字量传感器的线序分布和工作特点

传感器名称	线 序 分 布	工 作 特 点	技 术 参 数
人体红外传感器	黑 黄 红 红：+；黑：-； 黄：信号线	在光线较暗的环境中，人体红外传感器能检测到人体移动，当人进入其感应范围时自动开启负载，离开后自动延时关闭	使用产品配套的黑色泡沫遮住该传感器约10s。此时，ADAM-4150的 DI0 指示灯亮,说明该设备安装正确

传感器名称	线序分布	工作特点	技术参数
红外对射传感器	红 黑 红：+；黑：− 黑 红 蓝 红：+；黑：−； 蓝：信号线	控测范围为15m、工作电压为12V、继电器输出为常开常闭可选，用跳线设置。注意：由于本产品的发射功率较大，因此当发射器和接收器距离太近时会出现无反应现象，此时应将它们拉开至少1m后重试。当安装距离太近时，若发现仪器不灵敏，则可把发射器和接收器中的聚光透镜摘下，即可提高灵敏度	用手遮住红外对射线，ADAM-4150的DI4指示灯亮，说明该设备安装正确
火焰传感器	黑 黄 红 红：+；黑：−； 黄：信号线 	火焰传感器是专门用来搜寻火源的传感器。当然，火焰传感器也可以用来检测光线的亮度，只是本传感器对火焰特别灵敏。火焰传感器利用红外线对火焰非常敏感的特点，首先使用特制的红外线接收管来检测火焰，然后把火焰的亮度转化为高低变化的电平信号输入中央处理器，中央处理器根据信号的变化做出相应的程序处理	用打火机点火置火焰传感器前下方（5～30cm），等待两颗闪烁的指示灯长亮，说明火焰传感器被触发，有火焰

续表

传感器名称	线 序 分 布	工 作 特 点	技 术 参 数
烟雾探测器	黑 黄 红 红：+；黑：−； 黄：信号线	烟雾探测器也被称为感烟式火灾探测器、烟感探测器、感烟探测器、烟感探头和烟雾传感器，主要应用于消防系统，在安防系统建设中也有应用。它是一种典型的由太空消防措施转为民用的设备	触控烟雾探测器左边的触控按钮，烟雾探测器发出连续蜂鸣声，指示灯长亮，说明烟雾探测器被触发，有烟雾；或者在烟雾探测器附近用实际烟雾进行检测

三、数字量采集器

数字量采集器是从传感器和其他待测设备的模拟与数字被测单元中自动采集非电量或电量信号，并送到上位机中进行分析处理的采集设备。ADAM-4000 系列模块应用 EIA RS-485 通信协议，它是工业上使用最广泛的双向平衡传输线标准。它使得 ADAM-4000 系列模块可以远距离高速传输和接收数据。ADAM-5000/485 系统是一款数据采集和控制系统，能够与双绞线多支路网络上的网络主机进行通信。

ADAM-4150 是实训室使用的一款数字量采集器，其实物图如图 4-2 所示。

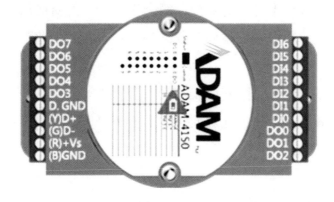

图 4-2　ADAM-4150 实物图

通道输入：支持数字输入水平倒置、干节点（逻辑低电平：接地；逻辑高电平：开放）、湿节点（逻辑低电平：0～3V；逻辑高电平：10～30V）、3kHz 计数器（32 位+1 位溢流）和频率输入。通道输入的最大电压为±40V DC。

通道输出：集电极开路为 40V，最大负载为 1A，支持 5kHz 脉冲输出、跳沿输出；隔离电压为 3000V DC，有浪涌、EFT 和 ESD 保护。

四、摄像头的使用

请扫描右侧二维码查看摄像头的使用说明。

扫一扫

操作方法

为提高系统安装的成功率，请严格按照"设备安装→线路连接→系统调试→故障诊断及排除"的流程操作。操作过程中还需要结合场地尺寸、使用要求、操作规范等灵活调整施工方案。以下仅针对各施工环节中的关键技术或重点操作做强调说明。

一、设备安装

按照图 4-1，结合场地实际尺寸规划设备布局，确定安装位置。需要做到设备布局紧凑，安装位置与信号走向基本一致，安装牢固。

（1）人体红外传感器安装：底座用螺钉固定在工位上，并盖上盖子。

（2）红外对射传感器安装：最佳安装高度应大于 20cm，安装距离不小于 2m；安装时应使用红外保护装置垂直放置，并在同一水平线上，先安装接收部分，再安装发射部分（当两者在同一水平线上时，接收器中的 OFF 灯为熄灭状态），最后固定，把线接好即安装完成；底座安装在支架上，支架固定在工位上方，对射接在两个工位上，面对面放置，相隔一定的距离。

（3）摄像头安装：先将摄像头支架底座安装在工位上，然后将摄像头安装在底座上，详细操作参考说明书。

（4）数字量采集器安装：先将配套的长方形小塑料板安装在工位上，把数字量采集器表面的两颗螺钉旋松，再把其背后的螺钉孔对准长方形小塑料板，将数字量采集器安装在上面。

二、线路连接

按照图 4-3 进行线路连接。其中，人体红外传感器的红线接+24V、黑线接 GND、黄线作为信号线接在 ADAM-4150 的 DI0 接口上。红外对射传感器信号线输出端

扫一扫

接在 ADAM-4150 的 DI4 接口上、电源正极接 12V、COM 接口接 GND、负极接 GND、ADAM-4150 的 D+接口连接 RS-485/232 转换器的 T/R+接口、ADAM-4150 的 D-接口连接 RS-485/232 转换器的 T/R-接口。给摄像头电源直接通+5V 的电。

具体的接线要求如下。

（1）信号线与电源线的连接注意区分颜色，方便识别，且电源线的横截面积要大于信号线的横截面积。

（2）其他线的连接要注意安装牢固，如 RS-485/232 转换器要用螺钉拧紧。

（3）接线、压线时注意不要压到绝缘层，但是也不能留得过长，以免发生漏电触电现象。

（4）RS-485/232 转换器接线要稳固，注意线序，不要将数据线短接。

（5）对连接线进行绑扎，使其固定在网孔板上。

（6）对整个系统设备及连接线进行整形，使其规范、美观。

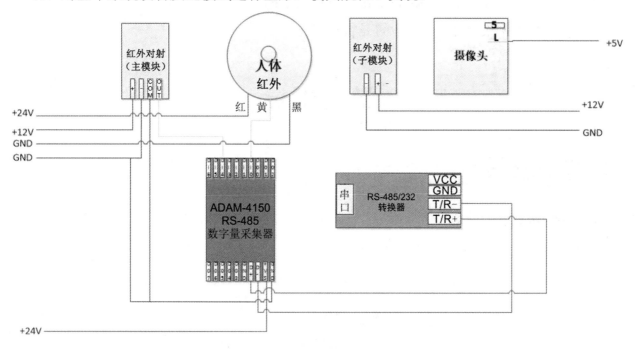

图 4-3　防盗系统接线图

三、系统调试

1．线路检查

（1）依据布局图检查设备是否安装准确。

（2）依据接线图和实物判断系统接线是否正确。

（3）检查设备安装是否牢固。

（4）检查导线走线是否规范。

（5）在检查过程中，注意安全用电，不得打开电源，以免触电和损坏设备。

2．通电调试

（1）打开数据采集软件。

（2）硬件通电，切换对应传感器的状态，观察数据变化。

四、故障诊断及排除

在系统调试过程中，可能会出现状态不正常的情况，可参考以下顺序进行故障诊断及排除。

（1）用万用表检查电源是否正常工作。

（2）给 ADAM-4150 的接口赋予不同的状态，观察数据采集是否正常。

（3）使用万用表检查传感器的输出状态能否正常切换。

（4）用万用表检查信号线连接是否正常。

（5）检查串口与计算机连接是否正常，可重新拔插。

（6）检查数据采集软件的串口设置是否正确。

学习引导

活动一　学习准备

一、防盗系统传感器的使用

1．数字量传感器将被测量的非电学量转换成_____。

2．请观察实训室人体红外传感器实物，在图 4-4 中标出其电源正极、电源负极和信号线。

图 4-4　人体红外传感器实物图

3．人体红外传感器主要用来监测_____和_____两种状态，就数字量而言，人体红外传感器的两种状态分别是_____和_____，对应的电平状态分别是_____电平和_____电平。

4．人体红外传感器的供电电压是＿＿＿＿＿＿＿＿＿＿＿＿＿＿。

5．红外对射传感器的供电电压是＿＿＿＿＿＿＿＿＿＿＿＿＿＿。

二、常见的数字量传感器

在智慧社区的建设过程中，除了防盗系统，还应该有消防安全系统，统称为安防系统，以便及时应对意外的发生。请观察实训室中所有的传感器，找出其中的数字量传感器，并将其名称及相关的参数填在表 4-2 中。

表 4-2　常见的数字量传感器的识别

传感器名称	线 序 分 布	供 电 电 压	高电平对应状态	低电平对应状态

三、数字量采集器的使用

1．ADAM-4150 的供电电压是＿＿＿＿＿＿＿＿＿＿＿V。

2．ADAM-4150 有＿＿＿＿＿＿＿＿＿＿＿个输入通道，可以采集＿＿＿＿＿＿＿＿＿＿＿、＿＿＿＿＿＿＿＿＿＿＿等数字量输入信号。

四、摄像头的使用

1．摄像头的供电电压是＿＿＿＿＿＿＿＿＿＿＿＿＿V。

2．摄像头的访问地址是＿＿＿＿＿＿＿＿＿＿＿＿＿。

活动二　制订计划

一、绘制防盗系统拓扑图

阅读资料，使用 Visio 软件在计算机上绘制防盗系统拓扑图，并保存为"防盗系统.vsd"。

二、绘制防盗系统接线图

1．阅读资料，完成图 4-5 中的防盗系统接线图，其中，人体红外传感器接在 DI0 接口上，红外对射传感器接在 DI6 接口上。

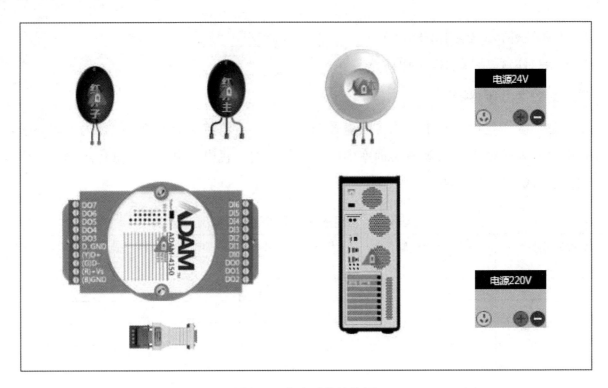

图 4-5　防盗系统接线图

2．利用 Visio 软件绘制防盗系统接线图，并保存为"防盗系统接线图.vsd"。

三、绘制防盗系统布局图

小组讨论，完成合适的布局图设计，并利用 Visio 软件绘制布局图，保存为"防盗系统布局图.vsd"。

四、制订任务实施计划

1．小组讨论，根据下列提示完成数字量传感器质量检测方法的探索。

步骤：以人体红外传感器为例，首先给人体红外传感器供电，将数字万用表打在＿＿＿＿＿＿挡位，将红表笔接在＿＿＿＿＿＿、黑表笔接在＿＿＿＿＿＿。当人体靠近该传感器时，测得电压为＿＿＿＿＿＿V，当人体离开时测得电压为＿＿＿＿＿＿V。对照人体红外传感器的工作原理，判断该传感器质量是＿＿＿＿＿＿（好/坏）的。

扫一扫

▌ 小智提醒：测量方法 ▌

数字量传感器在质量检测的过程中，注意使用数字万用表的直流电压挡来检测信号输出的变化是否与该传感器的工作原理相对应。此时，红表笔接在信号输出线上、黑表笔接电源的负极，通过切换传感器的感知状态，如有人和无人来观察输出信号线对应的电压的高低，即高/低电平。

2．阅读"操作方法"部分的任务实施流程，小组讨论，制订合理的实施计划，并填入表 4-3 中。

表 4-3　计划书

＿＿＿＿＿＿＿＿＿计划书			
项目名称		项目施工时间	
施工地点		项目负责人	
人员任务分配	施工人员	负责任务	任务目标
施工步骤	步骤名称	完成时间	目标及要求（含结果及工艺）

活动三　任务实施

一、防盗系统的安装与调试

根据制订的计划完成任务，并完成施工单的填写，如表 4-4 所示。

表4-4　施工单

施工单					
项目名称		项目施工时间			
施工地点		项目负责人			
施工记录	施工步骤	现场情况反馈	处理措施与注意事项	用时	施工人员
施工人员（签字）		记录员（签字）			
		项目经理（签字）			

二、故障诊断及排除

防盗系统安装完成以后，发现在采集系统上不能看到数据，请小组合作讨论排除故障的方法，并按照所讨论的方法将对应的故障点和解决措施填在表4-5中。

表4-5　故障排除表

现象：无正确数据显示	故 障 点	解 决 措 施
排故步骤		

活动四　考核评价

考核评价分为知识考核和技能考核两部分，其中，知识考核为结果性评价，占40%；技能考核注重操作过程，占60%。知识考核由教师根据学生的答题情况完成评定，技能考核由学生自评、互评和师评共同组成。

一、知识考核

（一）填空题

1. 当红外对射之间有人通过时，输出是_____（高电平/低电平）；当红外对射之间无人通过时，输出是_____（高电平/低电平）。

2. 当人体红外传感器检测到有人时，输出是_____（高电平/低电平）；无人时的输出是_____（高电平/低电平）。

3．当烟雾探测器检测到烟雾时，输出是_____（高电平/低电平）；当没有烟雾时，输出是_____（高电平/低电平）。

4．当火焰传感器检测到有火焰时，输出是_____（高电平/低电平）；当无火焰时，输出是_____（高电平/低电平）。

5．摄像头的工作电源是_____V。

（二）判断题

1．数字量传感器只有两种状态。（　　）

2．当人体红外传感器检测到有人时，输出高电平；无人时输出低电平。（　　）

3．RS-485/232 转换器工作时需要握手信号。（　　）

（三）简答题

请描述数字量传感器的特点。

答：_____

_____。

二、技能考核

师评主要指教师根据学生完成项目的过程参与程度、规范遵守情况、学习效果等进行综合评价，互评主要指小组内成员根据同伴的协作学习、纪律遵守情况等进行评价，自评主要指学生自己针对项目学习的收获、学习成长等进行评价。具体考核内容和标准如表 4-6 所示。

表 4-6　技能考核表

序　号	评价模块	评　价　标　准	自评（10%）	互评（10%）	师评（80%）
1	学习准备（10分）	能根据任务要求完成相关信息的收集工作（5分）			
		自学质量（习题完成情况）（5分）			
2	制订计划（30分）	能完成防盗系统布局图的绘制（10分）			
		能完成防盗系统接线图的绘制（10分）			
		小组合作制订出合理的项目实施计划（10分）			
3	任务实施（60分）	能完成防盗系统的安装与调试（20分）			
		能排除防盗系统在安装与调试过程中出现的故障（20分）			
		能根据本小组任务完成情况进行展评、总结（5分）			
		能完成实训台的桌面整理与清理（5分）			
		团队合作默契（5分）			
		实训操作安全且规范（5分）			
4	合计				

项目五　智能路灯控制系统安装与调试

在智慧社区的建设过程中，除要实现资源"共享、集约、统筹"和提升社区运营效率外，节能减排、绿色环保也是基本且关键的一环。路灯采用智能控制替代传统控制是落实节能减排的有效方式之一。作为专业技术人员，你需要设计并安装一套智能路灯控制系统。你可以先查阅与智能路灯控制系统相关的必备知识，熟悉其安装步骤和方法，再按照"学习引导"部分的活动流程完成本项目的学习，并达成以下学习目标。

1. 能识读智能路灯控制系统结构图，并能阐述系统工作过程。

2. 能识别构成智能路灯控制系统的继电器、路由器、串口服务器等设备，陈述它们的作用，并会准确识读它们的标识信息。

3. 能根据双绞线的标准判别其类型。

4. 能准确识读并绘制智能路灯控制系统接线图/布局图。

5. 能按照操作规范和工艺要求完成智能路灯控制系统的线路连接。

6. 能正确配置路由器、串口服务器的网络参数，调试出系统功能。

7. 能规范使用工具检测并排除智能路灯控制系统的典型故障。

安全注意事项：

1. 在安装各种设备时，注意挂装时的工具使用安全，避免划伤手。

2. 在制作双绞线跳线时，注意压线钳的使用方法，避免伤到手。

3. 注意设备接线时的正负极不能短路，各设备的使用电源一定要注意区分。

4. 在安装位置比较高的设备时，注意上、下扶梯安全。

必备知识

一、智能路灯控制系统的构成

智能路灯控制系统是采用物联网技术对社区公共照明管理系统进行全面升级，实现路灯照明智能化控制的系统。在本项目中，智能路灯控制系统的构成如图 5-1 所示，主要由光照传感器、服务器（计算机）、路由器、串口服务器、数据采集器（模拟量采集器和数字量采集器）、继电器、路灯等设备组成。

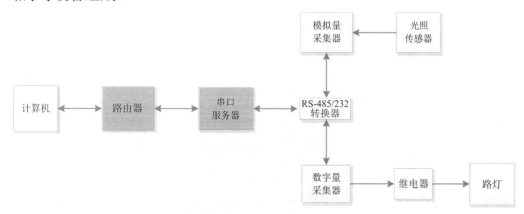

图 5-1　智能路灯控制系统的构成

　　该系统在工作时，由光照传感器检测周围光照强度并将其转换成电信号；模拟量采集器将信号采集起来并传输给计算机；计算机根据光照强度数据发出指令，并将指令数据包通过有线网传递给路由器；由路由器传递给串口服务器；串口服务器对指令数据包进行解封，将指令送给数字量采集器；数字量采集器发出信号控制继电器动作，进而控制路灯的状态。

二、智能路灯控制系统设备

1．继电器

　　继电器（Relay）也称电驿，是一种电子控制器件，通常应用于自动控制电路中。它实际上是一种用较小的电流控制较大的电流的"自动开关"，故在电路中起着自动调节、安全保护、转换电路等作用。继电器实物如图 5-2（a）所示。

扫一扫

　　继电器内部有 1 个线圈和 3 个触点，如图 5-2（b）所示。其中，中间是动触点 COM，左、右各一个静触点。当线圈不通电时，动触点 COM 与静触点 NO（常开触点）断开并与静触点 NC（常闭触点）闭合；线圈通电后，动触点就会移动，使原来断开的成为闭合状态、原来闭合的成为断开状态，达到切换的目的。各个触点接线端子在继电器外壳上的分布如图 5-2（c）所示，其中，5 和 6 是 COM 端，3 和 4 是常开触点，1 和 2 是常闭触点，7 和 8 分别是线圈正、负接线端子。

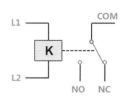

（a）继电器实物　　　　（b）继电器触点结构　　　　（c）继电器接线端子分布

图 5-2　继电器

2．路由器

路由器（Router）又称网关（Gateway）设备，用于连接多个逻辑上分开的网络，属于网络层的一种互联设备。路由器实物图如图 5-3 所示。

图 5-3　路由器实物图

3．串口服务器

串口服务器提供串口转网络功能，能够将 RS-232/485/422 串口转换成 TCP/IP 网络接口，实现 RS-232/485/422 串口与 TCP/IP 网络接口的数据双向透明传输，使得串口设备能够立即具备 TCP/IP 网络接口功能，连接网络进行数据通信，极大地扩展了串口设备的通信距离。串口服务器实物图如图 5-4 所示。

图 5-4　串口服务器实物图

4．双绞线

在本项目中，路由器、计算机和串口服务器之间的连接线使用的是双绞线。双绞线由不同颜色的 4 对 8 芯组成，每两条按一定规则缠绕在一起，成为一个线对，如图 5-5 所示。

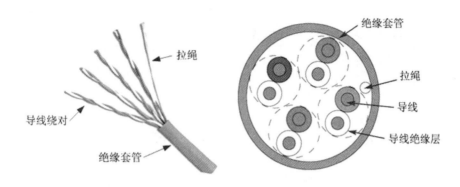

图 5-5　双绞线的结构

EIA/TIA 的布线标准中规定了两种双绞线的线序，分别为 T-568A 与 T-568B，两者的线序排列如图 5-6 所示。

标准 T-568A：白绿-1，绿-2，白橙-3，蓝-4，白蓝-5，橙-6，白棕-7，棕-8。

标准 T-568B：白橙-1，橙-2，白绿-3，蓝-4，白蓝-5，绿-6，白棕-7，棕-8。

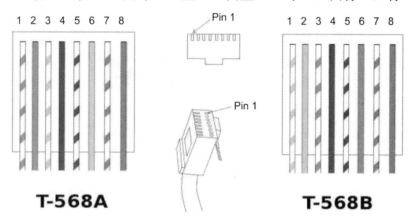

图 5-6　T-568A 和 T-568B 的线序排列

双绞线跳线可以制作成直通线或交叉线。直通线是指将跳线两端都制作成 T-568B 标准；交叉线的一端为 T-568A 标准，而另一端则为 T-568B 标准。

操作方法

为提高系统安装的成功率，请严格按照"设备布局→设备安装→线路连接→系统调试→故障排除"的流程操作。操作过程中还需要结合场地尺寸、使用要求、操作规范等灵活调整施工方案。下面仅针对各施工环节中的关键技术或重点操作做强调说明。

一、设备布局

在进行设备布局时，要考虑设备分层，将网络层的设备放在一起、感知层的设备放在一起，布局要尽量均匀、美观。图5-7是根据实训室设备操作间上的尺寸设计的布局图,仅供参考。

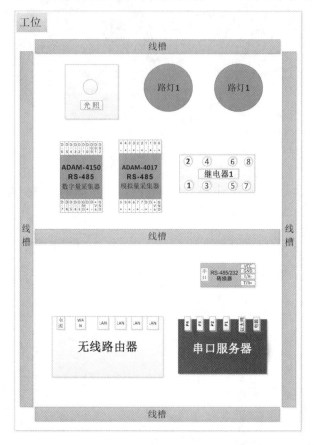

图5-7 参考布局图

二、设备安装

在安装设备时,需要团队合作,防止设备掉落摔坏;设备安装要牢固,无松动。

1. 安装照明灯

灯座下方有个拆解卡扣,将盖子打开,用螺钉穿过固定孔,将底座固定在工位上,如图 5-8 所示。

图5-8 照明灯安装图示

2．安装数字量采集器

先将底板安装在工位上，再把数字量采集器背后的螺钉孔对准底板，将数字量采集器安装在配套的长方形小塑料板上，如图 5-9 所示。

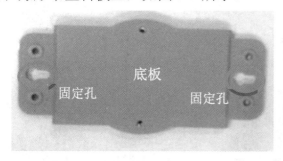

图 5-9　数字量采集器安装图示

三、线路连接

智能路灯控制系统接线图如图 5-10 所示。其中，数字量采集器和继电器线圈都为 24V 供电。照明灯为 12V 供电，串口服务器和无线路由器为 5V 供电。

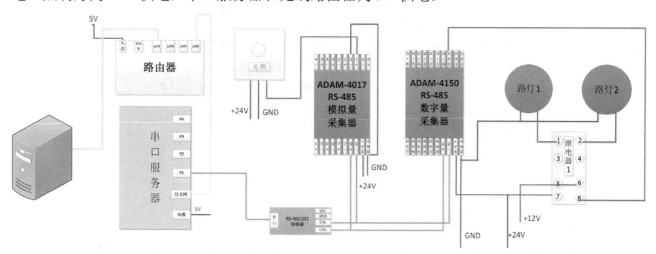

图 5-10　智能路灯控制系统接线图

1．照明灯接线

灯座接线柱上标有"N"的为电源负极、标有"L"的为电源+12V，如图 5-11 所示。这里将灯座接在继电器上，红线接+12V、黑线接继电器的接线端子 3。继电器的接线端子 5 接 GND、接线端子 8 接在 ADAM-4150 的 DO0 接口上。安装完成后将盖子装上，并旋上灯泡即可。

2．继电器接线

本项目中使用的电磁继电器有两组常开/常闭触点。在使用时，可以选择其中一组进行接线。在图 5-12 中，以风扇接线为例，将风扇的"+"端接电源 24V 的"+"

扫一扫

端，将继电器的接线端子 3 接风扇的"-"端，将继电器的接线端子 5 接电源 24V 的"-"端。

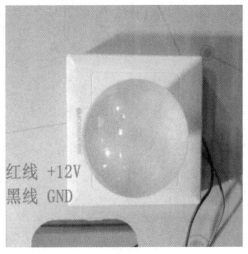

图 5-11 照明灯接线

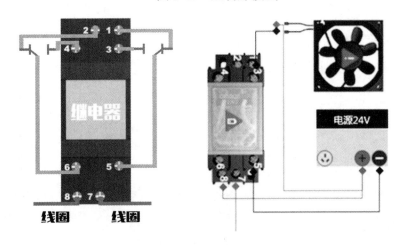

图 5-12 继电器接线

3．路由器、串口服务器和 RS-485/232 转换器之间的连线

路由器的 LAN 口分别接串口服务器和计算机，串口服务器的 P1 口接 RS-485/232 转换器，如图 5-13 所示。

图 5-13 路由器、串口服务器和 RS-485/232 转换器之间的接线

路由器与串口服务器和计算机之间的连接线都使用双绞线。双绞线的制作主要有剥线、理线、剪齐、插线、压线等步骤，具体如表 5-1 所示。

表 5-1　双绞线的制作步骤

序　号	步　骤	图　示
1	准备好 5 类非屏蔽双绞线、RJ-45 插头（俗称水晶头）和一把专用的压线钳	
2	用压线钳的剥线刀口将 5 类非屏蔽双绞线的外保护套管划开（注意不要将里面的绝缘层划破），刀口距双绞线的端头至少 2cm	
3	将划开的外保护套管剥去（旋转、向外抽）	
4	露出 5 类非屏蔽双绞线中的 4 对芯线	
5	按照 T-568A 或 T-568B 标准将导线按颜色序号排好	
6	将 8 根导线平坦、整齐地平行排列，导线间不留空隙	

续表

序　号	步　　骤	图　示
7	准备用压线钳的剪线刀口将8根导线剪断	
8	剪断电缆线。注意：一定要剪得很整齐；剥开的导线长度不可太短，可以先留长一些	
9	一只手捏住 RJ-45 插头，将有弹片的一侧向下；另一只手捏平双绞线，将剪断的电缆线放入 RJ-45 插头中试试长短（要插到底）。反复调整，电缆线的外保护层最终应能够在 RJ-45 插头内的凹陷处被压实	
10	在确认一切都正确后，将 RJ-45 插头放入压线钳的压头槽内，准备最后的压实。双手紧握压线钳的手柄，用力压紧，使 RJ-45 插头的8个针脚穿过导线的绝缘外层，分别与8根导线紧紧压接在一起	

　　双绞线制作好后，需要用测试仪检查其是否接通。测试时将双绞线两端的 RJ-45 插头分别插入主测试仪和远程测试端的 RJ-45 端口，将开关开至"ON"处（"S"为慢速挡），主测试仪

指示灯从 1 至 8 对应闪亮，如图 5-14 所示。

测试直通线灯亮顺序为：1-1→2-2→3-3→4-4→5-5→6-6→7-7→8-8。

测试交叉线灯亮顺序为：1-3→2-6→3-1→4-4→5-5→6-2→7-7→8-8。

图 5-14　双绞线的测试

四、系统调试

1．网络参数配置

（1）网络设置。

具体的网络设置要求如表 5-2 所示。

表 5-2　具体的网络设置要求

设　　备	IP　地　址
路由器	192.168.组号.1
计算机	192.168.组号.2
串口服务器	192.168.组号.3

（2）设置路由器。

设置路由器的操作步骤如表 5-3 所示。

表 5-3　设置路由器的操作步骤

操 作 步 骤	操 作 说 明	操 作 演 示
找到路由器的 IP 地址	路由器的默认 IP 地址为 192.168.1.1 或 192.168.0.1，一般可从路由器背面的铭牌上获取。如果是已经设置过的路由器，则可以长按 RESET（重置）按键重置	**D-Link®** 产品型号:NIR613CEU....A1G 硬件版本号:A1　软件版本号:1.01 **DIR-613** 无线路由器 路由器默认设置: IP:192.168.0.1 用户名:"admin" 密码:""（空）

操 作 步 骤	操 作 说 明	操 作 演 示
访问路由器	在与路由器相连的计算机上打开浏览器，输入路由器的 IP 地址，进入【登录】界面。一般默认无密码或密码为 admin	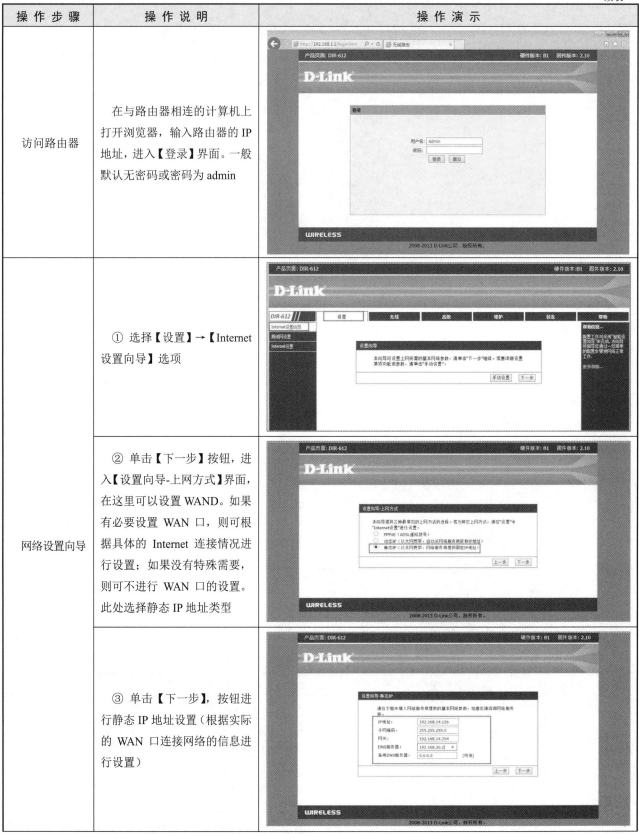
网络设置向导	① 选择【设置】→【Internet 设置向导】选项	
	② 单击【下一步】按钮，进入【设置向导-上网方式】界面，在这里可以设置 WAND。如果有必要设置 WAN 口，则可根据具体的 Internet 连接情况进行设置；如果没有特殊需要，则可不进行 WAN 口的设置。此处选择静态 IP 地址类型	
	③ 单击【下一步】，按钮进行静态 IP 地址设置（根据实际的 WAN 口连接网络的信息进行设置）	

续表

操作步骤	操作说明	操作演示
网络设置向导	④ 单击【下一步】按钮，进行无线设置：无线网络名称，即 SSID 根据个人需求命名，在【无线安全选项】选区中，勾选【WPA-PSK/WPA2-PSK-AES】单选按钮，设置 PSK 密码	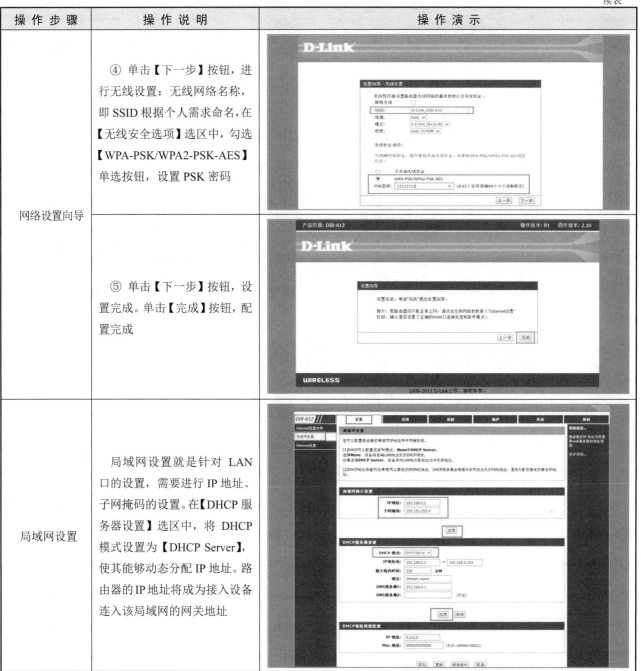
	⑤ 单击【下一步】按钮，设置完成。单击【完成】按钮，配置完成	
局域网设置	局域网设置就是针对 LAN 口的设置，需要进行 IP 地址、子网掩码的设置。在【DHCP 服务器设置】选区中，将 DHCP 模式设置为【DHCP Server】，使其能够动态分配 IP 地址。路由器的IP地址将成为接入设备连入该局域网的网关地址	

（3）配置串口服务器。

配置串口服务器的操作步骤如表 5-4 所示。

扫一扫

65

表 5-4   配置串口服务器的操作步骤

操作步骤	操作说明	操作演示
访问串口服务器	① 双击打开 NPort Windows Driver Manager 软件	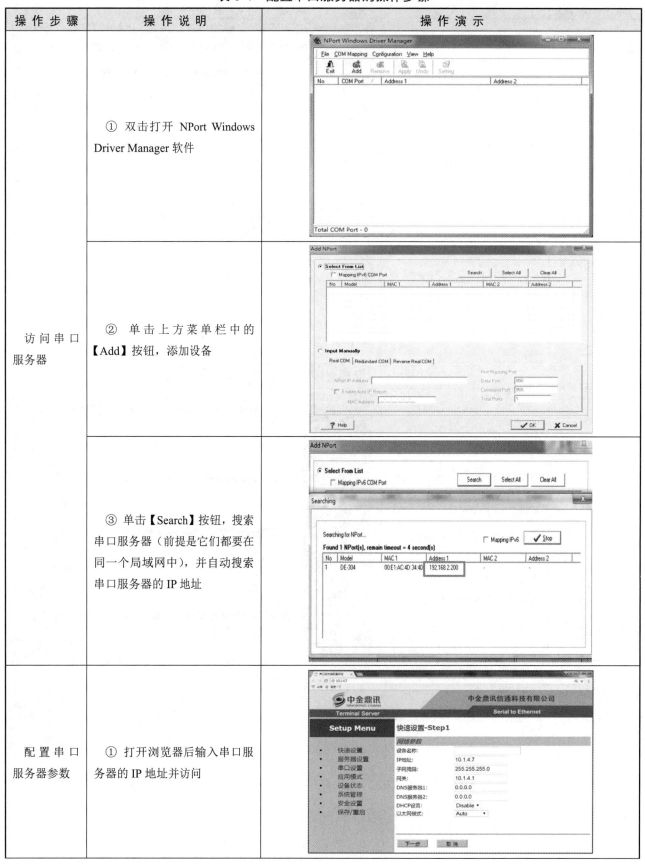
	② 单击上方菜单栏中的【Add】按钮，添加设备	
	③ 单击【Search】按钮，搜索串口服务器（前提是它们都要在同一个局域网中），并自动搜索串口服务器的 IP 地址	
配置串口服务器参数	① 打开浏览器后输入串口服务器的 IP 地址并访问	

操 作 步 骤	操 作 说 明	操 作 演 示
配置串口服务器参数	② 串口 1 接收数据采集器数据，设置波特率为 9600Baud	
	③ 串口 2 接 ZigBee 协调器，设置波特率为 38400Baud	
	④ 串口 3 接 RFID 中距离一体机，设置波特率为 57600Baud	
	⑤ 串口 4 接 LED 屏，设置波特率为 9600Baud	

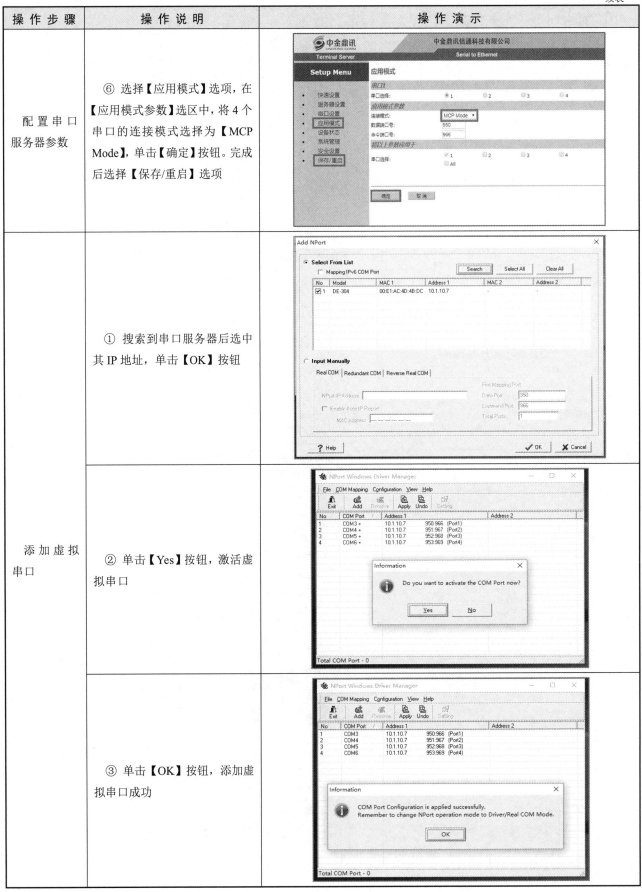

2．功能调试

功能调试分为命令调试和软件调试两部分。

（1）命令调试步骤如表 5-5 所示。

表 5-5 命令调试步骤

序　号	操 作 步 骤	操 作 演 示
1	双击 STC_ISP_V483 应用程序 图标，打开指令测试工具	
2	单击右上角的 串口助手 按钮，打开【串口助手】界面	
3	设置串口为 COM1 口，波特率为 9600Baud，单击 打开串口 按钮	

续表

序　号	操 作 步 骤	操 作 演 示
4	在【单字符串发送区】文本框中输入打开路灯串口指令代码【01 05 00 12 FF 00 2C 3F】，单击【发送字符/数据】按钮，观察继电器指示灯是否点亮、路灯是否打开	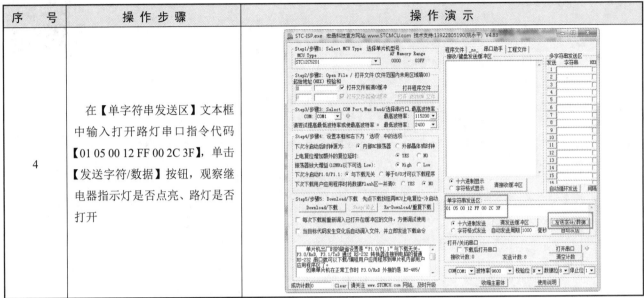

（2）软件调试步骤如表 5-6 所示。

表 5-6　软件调试步骤

序　号	操 作 步 骤	操 作 演 示
1	双击物业端应用程序，呈现登录界面	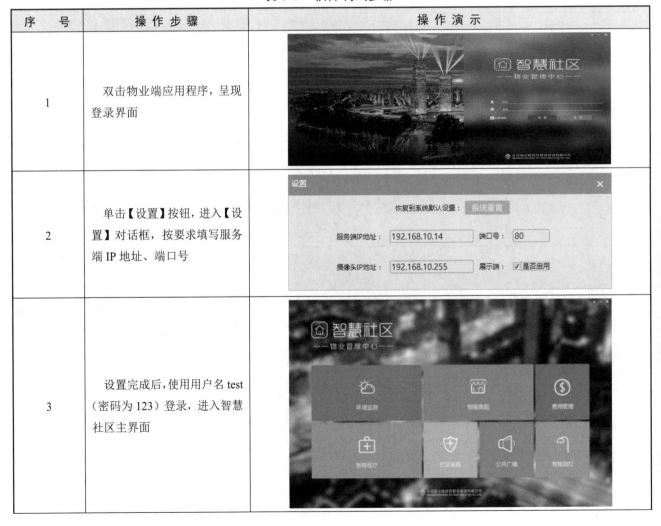
2	单击【设置】按钮，进入【设置】对话框，按要求填写服务端 IP 地址、端口号	
3	设置完成后，使用用户名 test（密码为 123）登录，进入智慧社区主界面	

续表

序　　号	操 作 步 骤	操 作 演 示
4	单击智慧社区主界面中的【智能路灯】按钮，在界面内可手动控制路灯，也可根据时间或自然光照值自动控制路灯与楼道灯	

五、故障排除

在系统调试过程中，很可能会出现故障，表 5-7 列出了常见的故障现象及其解决措施。

表 5-7　常见的故障现象及其解决措施

序　　号	故 障 现 象	故 障 点	解 决 措 施
1	串口无法打开	串口被占用	重启计算机，释放串口
		网线松动	重新插入网线
		串口选择错误	打开串口号与虚拟串口号保持一致
2	发送命令无反应	RS-485/232 转换器安装松动	拔下后重新插入
		RS-485/232 插错位置	将 RS-485/232 转化器插入串口服务器的 P1 口
		继电器接线错误	检查继电器的接线
		数据采集器接线错误	检查数据采集器的接线

学习引导

活动一　学习准备

一、智能路灯控制系统

1. 整个智能路灯控制系统的控制信号来自＿＿＿＿＿＿＿＿＿＿。

2. 继电器由＿＿＿＿＿＿采集器控制，当数据采集器输出＿＿＿＿＿＿电平时，继电器吸合。

二、继电器的识别

1. 根据图 5-15 写出继电器各接线端子的名称：_____。

2. 继电器实际上是一种用较小的电流控制_____的电流的"自动开关"。

3. 继电器线圈的供电电压为_____V。

4. 请完成继电器控制照明灯接线图，如图 5-16 所示。

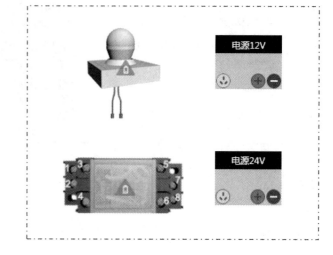

图 5-15　继电器实物图　　　　　　　图 5-16　继电器控制照明灯接线图

5. 在智能路灯控制系统中，继电器的线圈通、断电是由_____控制的。

6. 小组讨论，根据下列提示完成继电器控制电路质量检测方法的探索。

在继电器未通电时，继电器指示灯_____（亮/灭），用万用表蜂鸣挡检测继电器，接线端子 1、5 之间_____（通/断），接线端子 3、5 之间_____（通/断），接线端子 2、6 之间_____（通/断），接线端子 4、6 之间_____（通/断）。此时负载_____（工作/未工作）。

在继电器线圈 7、8 之间加上 24V 的电压，继电器指示灯_____（亮/灭），再次使用万用表蜂鸣挡检测继电器，接线端子 1、5 之间_____（通/断），接线端子 3、5 之间_____（通/断），接线端子 2、6 之间_____（通/断），接线端子 4、6 之间_____（通/断）。此时负载_____（工作/未工作）。

三、认识双绞线

1. 双绞线的制作标准主要有_____和_____两种。

2. 直通线两端使用的是_____标准。

3. 交叉线两端分别使用的是_____标准和_____标准。

4. 要测试双绞线的质量，可以使用_____进行。

活动二　制订计划

一、绘制智能路灯控制系统布局图

小组讨论，完成合适的布局图设计，并利用 Visio 软件绘制布局图，保存为"智能路灯控制系统布局图.vsd"。

二、绘制智能路灯控制系统的接线图

阅读资料，完成图 5-17 中的智能路灯控制系统接线图。其中，继电器的线圈一端接+24V，一端接在数字量采集器的 DO0 接口上；RS-485/232 转换器接串口服务器的 P1 口。

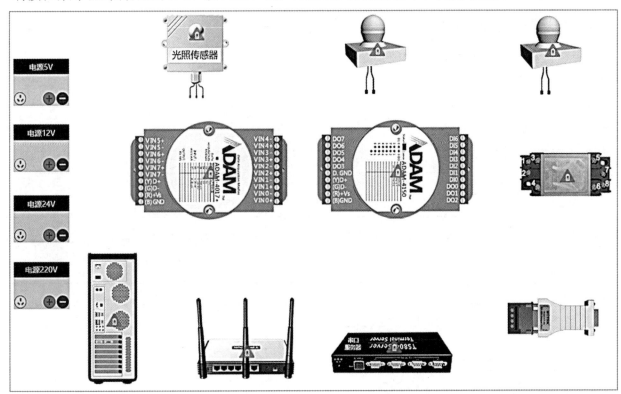

图 5-17　智能路灯控制系统接线图

三、制订项目实施计划

小组讨论，根据学习资料提示制订合理的实施计划，并填入表 5-8 中。

表 5-8　计划书

计划书			
项目名称		项目施工时间	
施工地点		项目负责人	
人员任务分配	施工人员	负责任务	任务目标
施工步骤	步骤名称	完成时间	目标及要求（含结果及工艺）

活动三　任务实施

一、智能路灯控制系统的安装与调试。

根据制订的计划完成任务，并完成施工单的填写，如表 5-9 所示。

表 5-9　施工单

施工单				
项目名称		项目施工时间		
施工地点		项目负责人		
施工记录	施工步骤	现场情况反馈	处理方法及注意事项	用时
施工人员（签字）		记录员（签字）		
		项目经理（签字）		

二、无线路由器的设置

1. 在设置无线路由器时，要将双绞线插入路由器的＿＿＿＿＿＿＿＿＿口。

2．路由器默认的登录 IP 地址为_____或_____。

3．如果不能登录路由器，则可以长按路由器上的_____按键进行重置。

4．在无线设置中，SSID 是指_____。

5．在局域网中，为了让无线路由器能够自动分配 IP 地址，应该将 DHCP 模式设置为_____。

三、串口服务器的设置

1．串口服务器是提供串口转_____功能的一种设备，能够将 RS-232/485/422 串口转换成_____网络接口。

2．串口服务器的 IP 地址可以通过_____软件进行搜索来获取。

3．在对串口服务器进行配置时，在【应用模式参数】选区中，连接模式应选择为_____。

4．在串口服务器配置中，串口 1 接的是数据采集器，波特率设置为_____；串口 3 接的是 RFID 中距离一体机，波特率设置为_____。

四、智能路灯控制系统的故障诊断及排除

在智能路灯控制系统安装完成以后进行调试，发现功能不能实现，请小组合作排除系统故障，并完成故障排除表的填写，如表 5-10 所示。

表 5-10　故障排除表

序　号	故 障 现 象	故 障 点	解 决 措 施
1			
2			
3			
4			

活动四　考核评价

考核评价分为知识考核和技能考核两部分，其中，知识考核为结果性评价，占 40%；技能考核注重操作过程，占 60%。知识考核由教师根据学生的答题情况完成评定，技能考核由学生自评、互评和师评共同组成。

一、知识考核

（一）填空题

1．现阶段，常用的网络传输介质是_____和光纤。

2．在制作双绞线的过程中，压线时插头的 8 个针脚需要穿过导线的_____外层。

3．当给继电器线圈通电后，在电磁线圈磁力的作用下，衔铁带动连杆向下运动，使得

_____触点与公共端接通。

4．照明灯底座标有"L"的一端接电源的_____极、标有"N"的一端接电源的_____极。

（二）选择题

1．在网络传输介质中，传输速率最高的是（　　　）。

    A．同轴电缆　　　　　　B．双绞线　　　　　　C．光纤

2．实训中，照明灯（路灯）的供电电压为（　　　）。

    A．5V　　　　　　　　　B．12V　　　　　　　C．24V

（三）判断题

1．在制作双绞线时，压线前一定要将线捋直，并按照线序排好。（　　　）

2．直通线的两端，一端采用 T-568A 标准，另一端采用 T-568B 标准。（　　　）

3．继电器是以小电压控制大电压的器件。（　　　）

4．路由器如果不启用 SSID，则不能建立无线局域网。（　　　）

5．串口服务器的地址要与局域网的地址在同一网段，只有这样才能通信。（　　　）

二、技能考核

师评主要指教师根据学生完成项目的过程参与程度、规范遵守情况、学习效果等进行综合评价，互评主要指小组内成员根据同伴的协作学习、纪律遵守情况等进行评价，自评主要指学生自己针对项目学习的收获、学习成长等进行评价。具体考核内容和标准如表 5-11 所示。

表 5-11　技能考核表

序　号	评价模块	评价标准	自评（10%）	互评（10%）	师评（80%）
1	学习准备（10分）	能根据任务要求完成相关信息的收集工作（5分）			
		自学质量（习题完成情况）（5分）			
2	制订计划（30分）	能完成智能路灯控制系统拓扑图、接线图和布局图的绘制（10分）			
		能完成双绞线跳线的制作（10分）			
		小组合作制订出合理的项目实施计划（10分）			
3	任务实施（60分）	能完成智能路灯控制系统的安装与调试（20分）			
		能排除智能路灯控制系统在安装与调试过程中出现的故障（15分）			
		能根据本小组任务完成情况进行展评、总结（15分）			
		能完成实训台的桌面整理与清理（5分）			
		团队合作默契（5分）			
		实训操作安全且规范（5分）			
4	合计				

项目六 智能风扇控制系统安装与调试

在智慧社区的建设过程中，需要对地下车库内的换气扇进行智能化改造，以实现远程无线智能控制。为了节省耗材，在施工时尽量少改动原有线路。请你根据社区的要求，借助 ZigBee 网络技术完成该社区地下车库的风扇控制系统的改造。你可以先查阅并收集与智能风扇控制相关的必备知识，然后查阅自动识别系统安装的步骤和方法，最后按照"学习引导"部分的活动流程完成本项目的学习，并达成以下学习目标。

1．能识别常见无线网络技术的类型。

2．能区分有线网络和无线网络。

3．能按照操作流程完成 ZigBee 节点板的烧写与配置。

5．能熟练使用 ZigBee 继电器板。

6．能按照操作规范和工艺要求完成智能风扇控制系统的改造。

7．能规范使用工具，结合合理的逻辑分析排除智能风扇控制系统的典型故障。

8．在实施过程中，严谨规划设备布局，并设计电路走线，尽可能减少走线长度，养成节约环保的意识。

安全注意事项：

1．在安装各种设备时，注意挂装时的工具使用安全，避免划伤手。

2．ZigBee 节点板的外壳为亚克力板，在固定时注意力度，避免损坏。

3．设备接线时的正负极不能短路，更不能接错电源。

4．在安装位置比较高的设备时，注意上、下扶梯安全。

必备知识

一、智能风扇控制系统的构成

智能风扇控制系统是由风扇、ZigBee 继电器板、ZigBee 协调器、串口服务器、路由器及计算机控制系统组成的，如图 6-1 所示。当计算机控制系统发出命令以后，通过网络传输给串口服务器，ZigBee 协调器收到串口服务器发送过来的命令以后发布给对应的 ZigBee 继电器板，以此来控制风扇工作。

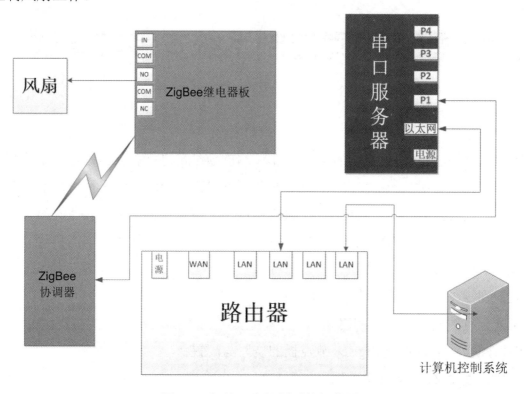

图 6-1　智能风扇控制系统拓扑图

二、网络技术

　　物联网中使用的网络按照传输介质划分为有线网络和无线网络。有线网络采用有形的传输介质，如双绞线、光纤等。无线网络主要包括无线电通信、微波通信、红外通信和光通信等多种形式。其中无线电通信的使用最广泛，它是利用电磁波信号在自由空间传播的特性进行信息交换的一种通信方式。有线网络与无线网络的区别如表 6-1 所示。

表 6-1　有线网络与无线网络的区别

项　　目	有 线 网 络	无 线 网 络
部署成本	设备成本较低	设备成本较高
维护成本	维护难度高、布线成本高	维护简单、组建容易
移动性	很低	高
扩展性	较低，如果预留端口不够用，则增加用户可能需要重新布置	较高，同时支持的用户更多，如果用户数量过多，那么可以增加接入点
传输	更快且更稳定	相对较慢，并且可能存在干扰与衰减
安全性	保密性和可靠性高	容易被盗取，因此需要加密

三、ZigBee

无线网络主要有无线局域网、无线城域网、无线广域网和无线个域网。其中，无线个域网是在小范围内相互连接数台设备所形成的无线网络，通常在个人可及的范围内。目前，无线个域网协议主要有两个：一个是无线个人网络（WPAN，IEEE 802.15.1），有代表性的是蓝牙技术；另一个是低速无线个人网络（LR-WPAN，IEEE 802.15.4），有代表性的是 ZigBee 网络技术。

ZigBee 网络技术的主要特点：数据传输速率低、功耗低、成本低、网络容量大、时延小、数据传输可靠、安全性好，依据 IEEE 802.15.4 标准。ZigBee 网络技术采用 3 种频段：2.4GHz、868MHz 和 915MHz。其中的 2.4GHz 频段是全球通用频段。

在 ZigBee 网络中，节点按照不同的功能可以分为协调器节点、路由器节点和终端节点 3 种。一个 ZigBee 网络由一个协调器节点、多个路由器节点和多个终端节点组成，如图 6-2 所示。

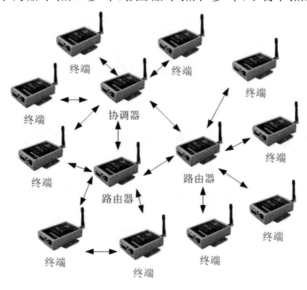

图 6-2　ZigBee 组网

（1）协调器（Coordinator）节点。协调器的主要任务是建立和配置网络，协调器节点首先选择一个信道和网络标识符（PAN ID），然后开始组件一个网络。协调器在网络中还有其他作用，如建立安全机制、完成网络中的绑定等。

（2）路由器（Router）节点。路由器节点可以作为普通设备使用，也可以作为网络中的转接节点，用于实现多跳通信，辅助其他节点完成通信。

（3）终端（End Device）节点。终端节点位于 ZigBee 网络的终端，完成用户功能，如信息的收集、设备的控制等。终端设备对维护这个网络设备没有具体的责任，因此它可以选择睡眠或唤醒状态，以最大化节约电池能量。ZigBee 网络的拓扑结构主要有星状、树状、网状 3 种，如图 6-3 所示。

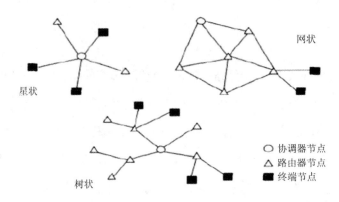

图 6-3　ZigBee 网络的拓扑结构

　　ZigBee 网络技术广泛应用于智能家庭、工业控制、自动抄表、医疗监护、传感器网络应用、汽车电子、农业生产和电信应用等领域。例如，在 ZigBee 网络技术的支持下，家用电器可以组成一个无线局域网，消除了在家里布线的烦恼。

操 作 方 法

　　为提高系统安装的成功率，请严格按照"设备配置→设备安装→线路连接→系统调试→故障排除"的流程操作。操作过程中还需要结合场地尺寸、使用要求、操作规范等灵活调整施工方案。以下仅针对各施工环节中的关键技术或重点操作做强调说明。

一、设备配置

扫一扫

　　这里需要进行以下几项配置工作。

ZigBee 节点板配置：烧写与设置。

路由器配置：设置路由器的 IP 地址池为 192.168.1.100～192.168.1.150。

串口服务器配置：配置 P2 口的波特率为 38400Baud。

（1）ZigBee 节点板的烧写步骤如表 6-2 所示。

表 6-2　ZigBee 节点板的烧写步骤

操 作 步 骤	操 作 说 明	操 作 示 范
1. 烧写软件安装	安装计算机上的烧写软件：Setup_SmartRFProgr_1.6.2.exe	SmartRF Flash Pro...

续表

操作步骤	操作说明	操作示范
2.选择 ZigBee 节点板	选择合适的 ZiBee 节点板	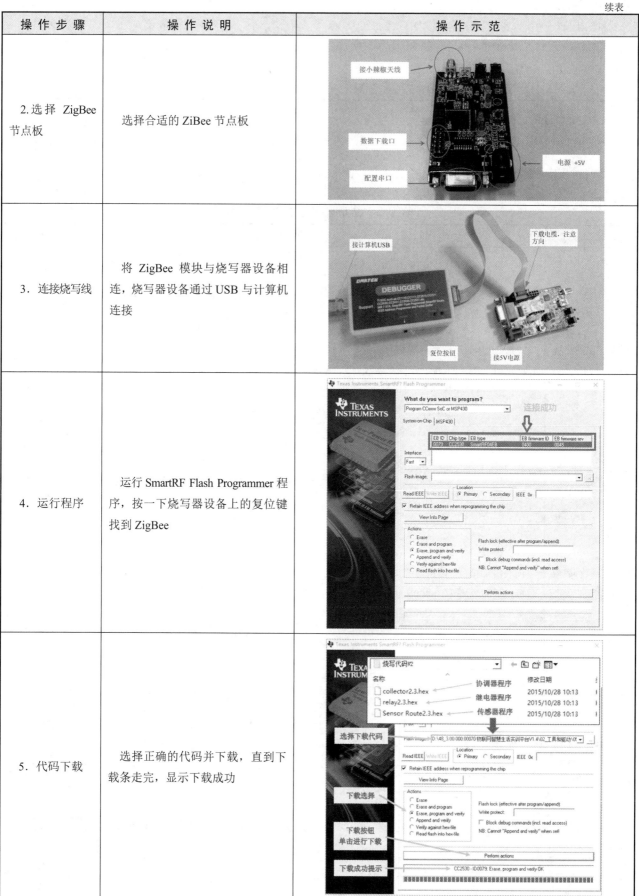
3. 连接烧写线	将 ZigBee 模块与烧写器设备相连，烧写器设备通过 USB 与计算机连接	
4. 运行程序	运行 SmartRF Flash Programmer 程序，按一下烧写器设备上的复位键找到 ZigBee	
5. 代码下载	选择正确的代码并下载，直到下载条走完，显示下载成功	

续表

操 作 步 骤	操 作 说 明	操 作 示 范
6. 模块上电	拔掉接在 ZigBee 模块上的下载数据线，给模块重新上电。至此，HEX 文件的整个烧写过程已经全部完成	图（略）

（2）ZigBee 节点板的配置。

① 协调器节点板配置。

具体步骤参考表 6-3。

表 6-3　协调器节点板配置步骤

操 作 步 骤	操 作 说 明	操 作 示 范
1. 打开配置软件	给协调器主板上电，使用公母串口线将 ZigBee 连接到计算机上，打开计算机上的【Zigbee 组网参数设置 V1.20.exe】软件文件	
2. 参数读取与设置	读取内部信息，设置对应参数，设定串口的波特率为 38400Baud	

注：在配置 ZigBee 参数时，必须把协调器、传感器、继电器的 PAND ID 和 Channel（通道）设置成同样的参数，只有这样才可以组网。

② 继电器节点板配置。

a. 给继电器主板上电，使用公母串口线将 ZigBee 连接到计算机上，打开计算机上的【Zigbee 组网参数设置 V1.20.exe】软件文件。

b. 选择波特率为 9600Baud，选择 COM1 口打开，单击【连接模组】按钮。若指示灯亮，则表示连接串口成功。

---

① 注：软件图中的"Zigbee"的正确写法为"ZigBee"。

c. 单击【读取】按钮，查看当前连接的 ZigBee 信息，设置通道（Chancel）和 PAND ID 与协调器的一致，如果不一致，就无法正常使用。

d. 这里使用的继电器模块有两个：对于左工位上的继电器模块，把序列号设定成 0001，传感器类型不设置，即保持默认设置，单击【设置】按钮，如图 6-4 所示；对于右工位上的继电器模块，把序列号设定成 1234，传感器类型不设置，即保持默认设置，单击【设置】按钮。

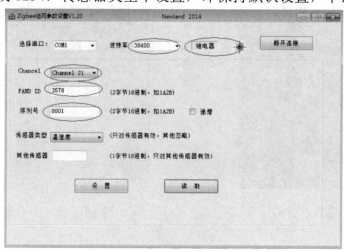

图 6-4　继电器配置参数

注意：如果配置无法使用，就重新烧写程序后再次进行配置。

二、设备安装

整体要求如下。

（1）路由器、串口服务器和协调器尽量放在同一个区域。

（2）ZigBee 继电器板与风扇尽量靠近，方便后面接线。

（3）设备安装位置与信号走向基本一致。

（4）设备安装牢固。

三、线路连接

注意事项如下。

★信号线与电源线的连接注意区分颜色，方便识别，且电源线的横截面积要大于信号线的横截面积。

★其他线的连接要牢固，如转换器要用螺钉拧紧。

★接线、压线时注意不要压到绝缘层，但是也不能留得过长，以免发生漏电触电现象。

★在接电源线时，注意电源电压是否正确。

★将 24V、12V、5V 电源的负极接在一起。

（1）ZigBee 继电器板的外形与继电器模块结构。

ZigBee 节点板实物图如图 6-5 所示，继电器模块结构如图 6-6 所示。

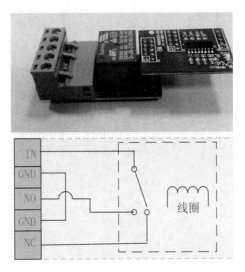

图 6-5　ZigBee 节点板实物图　　　　　图 6-6　继电器模块结构

（2）继电器接线。

ZigBee 接 5V 的适配器。从上往下数的第 1 个接口接电源正极 24V，第 2 个接口接电源负极，第 3 个接口接风扇正极，第 4 个接口接风扇负极。图 6-7 所示为继电器控制风扇的接线图。

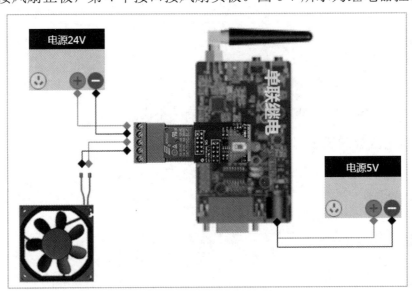

图 6-7　继电器控制风扇的接线图

四、系统调试

在调试系统功能前，首先要明白 ZigBee 继电器板的工作过程，当 ZigBee 继电器板收到打开风扇的命令后，会控制继电器的线圈得电，这时 IN 端就会与 NO 端接通，风扇得电工作；当接到关闭风扇的命令后，继电器的线圈失电，IN 端就会与 NO 端断开，风扇掉电，停止工作。

智能风扇控制系统功能调试步骤如下。

（1）上电前再次检查电源是否接反、接错。

（2）上电，观察 ZigBee 节点板的指示灯是否由快闪变成了慢闪。

（3）打开指令测试工具：　STC_ISP_V483　。

（4）单击【串口助手】选项卡，打开测试界面，如图 6-8 所示。

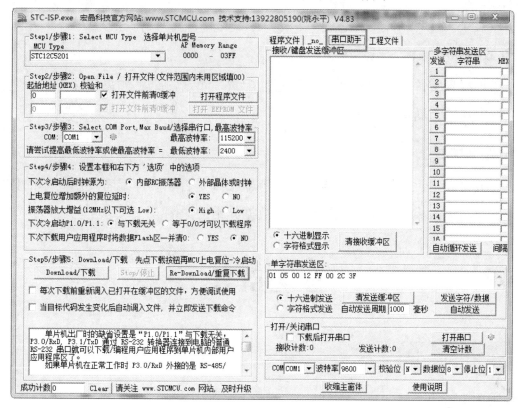

图 6-8　测试界面

（5）选择 COM3 口（对应串口服务器的 P2 口），单击【打开串口】按钮，指示灯亮。

（6）在【单字符串发送区】文本框中输入命令，具体如表 6-4 所示。

表 6-4　风扇开关命令

设　　备	打 开 命 令	关 闭 命 令
ZigBee1（风扇 1）	FF F5 05 02 34 12 00 01 00	FF F5 05 02 34 12 00 02 00
Zigbee2（风扇 2）	FF F5 05 02 01 00 00 01 03	FF F5 05 02 01 00 00 02 02

如图 6-9 所示，单击【发送字符/数据】按钮，观察风扇的动作。

图 6-9　发送指令

　　如果风扇没有动作，则将插在串口服务器上的串口拔下来，直接插在计算机的串口上，再次测量；如果可以动作，则说明串口服务器、虚拟串口或路由器没有设置好；如果依然不能动作，则很可能是继电器模块上的接线错误，或者 ZigBee 节点板没有设置好，需要重新烧写程序和配置。

五、故障排除

1．全部数据异常

　　如果全部数据异常，则需要重新烧写程序并配置，重新测试。如果依然异常，则需要更换四输入模拟量模块后重新进行测试。

2．部分数据异常

　　如果部分数据异常，就检查数据异常的传感器接线是否正确，或者使用相同的传感器进行替换，或者更换四输入模拟量模块，直至找到数据异常的原因。

学习引导

活动一　学习准备

一、无线网络技术概述

　　1．物联网使用的网络按照传输介质划分，可分为＿＿＿＿＿＿网络和＿＿＿＿＿＿网络。

　　2．无线电通信主要是利用＿＿＿＿＿＿信号在自由空间传播的特性进行信息交换的一种通信方式。

　　3．＿＿＿＿＿＿＿＿＿＿网络维护简单，组建容易，移动性强。

　　4．蓝牙技术、ZigBee 网络技术属于＿＿＿＿＿＿网络技术。

　　5．蓝牙的工作频率为＿＿＿＿＿＿GHz。

　　6．＿＿＿＿＿＿＿＿＿＿的使用和维护成本低于其他任何一种无线技术。

　　7．ZigBee 网络技术的主要特点：数据传输速率、功耗低、成本低、网络容量大、时延小、数据传输＿＿＿＿＿＿、安全性好。

　　8．在 ZigBee 网络中，节点按照不同的功能可以分为＿＿＿＿＿＿、路由器节点和＿＿＿＿＿＿3 种。

二、ZigBee 节点板的烧写

1. 在对 ZigBee 节点板进行烧写时，按一下烧写器设备上的_____找到 ZigBee。

2. 在对 ZigBee 节点板进行烧写时，要给它供_____V 电源。

3. 如果想把 ZigBee 节点板作为传感器板使用，则应下载_____程序。

三、ZigBee 节点板的配置

1. 配置 ZigBee 节点板使用的是_____数据线。

2. 在配置协调器节点板和传感器节点板时，波特率应选择_____Baud，而继电器板应选择_____bit/s。

3. 要想 ZigBee 节点板能够完成组网操作，在配置 ZigBee 参数时，应保持_____与_____参数一致。

4. 在配置继电器模块参数时，要把序列号分别设置为_____和_____。

5. 在配置传感器模块参数时，必须将传感器类型选择为_____。

四、ZigBee 继电器板的使用

1. 如图 6-10 所示，请写出继电器模块端子对应的名称。

图 6-10　继电器模块实物图

2. 继电器模块端子上的电源是由_____的电源决定的。

活动二　制订计划

一、绘制智能风扇控制系统结构框图

阅读资料，使用 Visio 软件在计算机上绘制智能风扇控制系统拓扑图，并保存为"智能风扇控制系统.vsd"。

二、绘制智能风扇控制系统接线图

完成图 6-11 中的智能风扇控制系统接线图，其中协调器串口连接在串口服务器 P2 口上。

图 6-11　智能风扇控制系统接线图

三、绘制智能风扇控制系统布局图

小组讨论，完成合适的布局图设计，并利用 Visio 软件绘制布局图，保存为"智能风扇控制系统布局图.vsd"。

四、制订任务实施计划

小智提醒：

智能风扇控制系统常见的施工任务包含设备选型与检测、设备配置、设备安装与固定、设备接线、通电调试、结果记录等。

小组讨论，根据"操作方法"部分的内容，完成表 6-5 的填写，制订出合理的任务实施计划。

表 6-5 计划书

施工单				
项目名称		项目施工时间		
施工地点		项目负责人		
施工记录	施工步骤	现场情况反馈	处理方法及注意事项	用时
施工人员 （签字）		记录员（签字）		
		项目经理（签字）		

活动三 任务实施

一、智能风扇控制系统的安装与调试

根据制订的计划完成任务，并完成施工单的填写，如表 6-6 所示。

表 6-6 施工单

施工单				
项目名称		项目施工时间		
施工地点		项目负责人		
施工记录	施工步骤	现场情况反馈	处理方法及注意事项	用时
施工人员 （签字）		记录员（签字）		
		项目经理（签字）		

二、故障诊断及排除

智能风扇控制系统安装完成以后，上电发现风扇不能被控制，请小组合作讨论出排除故障的方法，并按照所讨论的方法将对应的故障点和解决措施填在表 6-7 中。

表 6-7 故障排除表

现象：不能被正常控制	故 障 点	解 决 措 施
排故步骤		

续表

现象：不能被正常控制	故 障 点	解 决 措 施
排故步骤		

活动四　考核评价

考核评价分为知识考核和技能考核两部分，其中，知识考核为结果性评价，占 40%；技能考核注重操作过程，占 60%。知识考核由教师根据学生的答题情况完成评定，技能考核由学生自评、互评和师评共同组成。

一、知识考核

（一）填空题

1．物联网体系架构一共分为_____、_____和_____ 3 层。

2．物联网中使用的网络按照传输介质划分可分为_____和_____。

3．数据在通信中的运载方式一般有两种，一种是使用_____来运载，另一种是使用_____来运载。

4．数字化通信是一种用数字信号_____和_____进行数字编码传输信息的通信方式。

5．无线个域网是在小范围内相互连接数台设备所形成的无线网络，通常在个人可及的范围内，常见的有_____、_____技术等。

6．蓝牙的工作频率是_____。

7．ZigBee 是一种新兴的、_____、低复杂度的、_____、低数据传输速率的、低成本的无线网络技术。

8．一个 ZigBee 网络由_____、_____和_____组成。

（二）判断题

1．无线网络技术相比有线网络技术，其移动性较强。（　　　）

2．应用层、网络/安全层、介质访问控制层、物理层均属于 ZigBee 网络的体系结构。（　　　）

（三）选择题

1．下面哪个不是 ZigBee 技术的优点？（　　　）

　　A．低复杂度　　　B．大功率　　　C．近距离　　　D．低数据传输速率

2．在 ZigBee 网络技术中，物理层和介质访问控制层采用（　　　）协议标准。

　　A．IEEE 802.15.4　　B．IEEE 802.11b　　C．IEEE 802.11a　　D．IEEE 802.12

3．在 IEEE 802.15.4 标准协议中，规定 2.4GHz 物理层的数据传输速率为（　　）。

A．100kbit/s　　　　B．200kbit/s　　　　C．250kbit/s　　　　D．350kbit/s

4．ZigBee 这个名字来源于（　　）使用的赖以生存的通信方式。

A．狼群　　　　　B．蜂群　　　　　C．鱼群　　　　　D．鸟群

（四）简答题

1．常见的无线网络有哪些？

答：＿＿＿＿＿＿＿＿＿＿＿＿＿＿＿＿＿＿＿＿＿＿＿＿＿＿＿＿＿＿＿＿＿＿＿＿＿

＿＿＿

＿＿＿

＿＿。

2．简述生活中蓝牙技术的应用。

答：＿＿＿＿＿＿＿＿＿＿＿＿＿＿＿＿＿＿＿＿＿＿＿＿＿＿＿＿＿＿＿＿＿＿＿＿＿

＿＿＿

＿＿＿

＿＿。

二、技能考核

师评主要指教师根据学生完成项目的过程参与程度、规范遵守情况、学习效果等进行综合评价，互评主要指小组内成员根据同伴的协作学习、纪律遵守情况等进行评价，自评主要指学生自己针对项目学习的收获、学习成长等进行评价。具体考核内容和标准如表 6-8 所示。

表 6-8　考核评价表

序　号	评价模块	评价标准	自评（10%）	互评（10%）	师评（80%）
1	学习准备（10 分）	能根据任务要求完成相关信息的收集工作（5 分）			
		自学质量（习题完成情况）（5 分）			
2	制订计划（30 分）	能完成智能风扇控制系统布局图的绘制（10 分）			
		能完成智能风扇控制系统接线图的绘制（10 分）			
		小组合作制订出合理的项目实施计划（10 分）			
3	任务实施（60 分）	能完成智能风扇控制系统的安装与调试（25 分）			
		能排除智能风扇控制系统在安装与调试过程中出现的故障（15 分）			
		能根据本小组任务完成情况进行展评、总结（5 分）			
		能完成实训台的桌面整理与清理（5 分）			
		团队合作默契（5 分）			
		实训操作安全且规范（5 分）			
4	合计				

项目七　物业端监测系统安装与部署

物联网体系架构的第 3 层为应用层，其核心功能围绕两方面：一是"数据"，应用层需要完成数据的管理和处理；二是"应用"，应用层将这些数据与应用相结合，实现物联网的智能应用。本项目以物业端为载体，搭建智慧社区的应用层，主要完成物业端数据库部署、物业端 Web 服务器部署、物业端软件的安装与部署，为智慧社区数据的处理和应用做好准备。为了顺利完成本项目，请先查阅并收集与物业端监测系统相关的必备知识，查阅物业端监测系统安装的步骤和方法；再按照"学习引导"部分的活动流程完成本项目的学习，并达成以下学习目标。

1. 能区分物业端检测系统各构成部分的功能。
2. 能陈述数据库的作用，并会使用 SQL Server 数据库管理系统。
3. 能识别 Web 服务器。
4. 会使用 SQL Server 2008 数据库管理系统。
5. 能按照操作步骤完成物业端监测系统数据库部署。
6. 能按照操作步骤完成物业端监测系统 Web 服务器部署。
7. 能按照操作步骤完成物业端监测系统计算机端程序的安装与部署。

安全注意事项：

1. 在安装数据库的过程中，不能关闭计算机，以免无法安装成功。
2. 在部署物业端监测系统数据库时，需要将数据库文件复制到其他盘后进行附加，以免损坏源文件。

必备知识

一、物业端监测系统的组成

物联网应用层的主要作用是对网络层传递过来的数据进行存储、管理和调用，并对数据进行处理，将处理后的数据和各种现实事务进行精准配对，把数据内容与各种事务的具体内容紧密联系起来，实现数据和业务应用相结合。本项目的物业端监测系统就是物联网应用层的一个实例，将其应用到智慧社区场景中。

物业端监测系统主要由数据库、Web 服务器、物业端应用软件 3 部分组成，如图 7-1 所示。

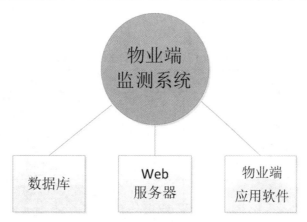

图 7-1 物业端监测系统的组成

数据库负责存储和管理感知层采集的数据；Web 服务器建立网站，负责与数据库建立数据接口，实现数据的查询和调用；物业端应用软件将调用的数据进行处理，实现用户层数据呈现和事件触发。

二、认识数据库

1. 数据库的作用

简单来说，数据库可视为电子化的文件柜，即存储电子文件的处所，用户可以对文件中的数据进行新增、查找、更新、删除等操作。它将数据以一定的方式存储在一起，能为多个用户所共享，具有尽可能低的冗余度的特点，是与应用程序彼此独立的数据集合。

例如，企业或事业单位的人事部门常常要把本单位职工的基本情况（职工号、姓名、年龄、性别、籍贯、工资等）存放在表中，这张表就可以看成是一个数据库。有了这个数据库，就可以根据需要随时查询某职工的基本情况，也可以查询工资在某个范围内的职工人数等。

2. SQL Server 数据库管理系统

数据库管理系统是用于创建、维护与管理数据库的系统软件。目前，数据库管理系统以关系型数据库为主导产品。国际与国内的主要关系型数据库有 MySQL、SQL Server、Oracle、Sybase、DB2 等。本书重点介绍 SQL Server 数据库。

SQL Server 是由微软开发的数据库管理系统，是 Web 上最流行的用于存储数据的数据库，已广泛用于电子商务、银行、保险、电力等与数据库有关的行业。

SQL Server 数据库管理系统提供了众多的 Web 和电子商务功能，如对 XML 和 Internet 标准的丰富支持，可通过 Web 对数据进行轻松、安全的访问。它具有使用方便、可伸缩性好、与相关软件集成程度高等优点，可跨越多种平台使用。而且，由于它的易操作性及友好的操作界面，深受广大用户的喜爱。下面以 SQL Server 2008 数据库管理系统为例进行介绍，其使用方法如表 7-1 所示。

表 7-1　SQL Server 2008 数据库管理系统的使用方法

功　能	操 作 说 明	操 作 演 示
连接数据库	① 双击【SQL Server Management Studio】图标，启动 SQL Server 2008	
	② 启动微软提供的集成工具，输入登录名 sa 和密码 123456，单击【连接】按钮	
新建数据库实例	① 先单击 127.0.0.1 左侧的【+】符号，并右击【数据库】文件夹，在弹出的快捷菜单中选择【新建数据库】选项，填上数据库名 ForStudy，单击【完成】按钮；接着新建表，同上，在选择【新建表】选项后，在中央区域显示列信息	
	② 在右侧可更改表名，单击工具栏中的【钥匙】图标，可以为选中的列设置主键，设置好后要保存	

功　　能	操 作 说 明	操 作 演 示
新建数据库实例	③ 在【对象资源管理器】窗格中依次单击打开刚刚创建的表。右击相应的表，并在弹出的快捷菜单中选择【编辑前 200 行】选项，这样就可以向刚刚创建的表中添加信息了	
使用查询语句	单击【新建查询】按钮，选择数据库，在编辑区输入查询语句，单击【执行】按钮	
生 成 SQL 脚本	生成 SQL 脚本是指把当前数据库结构以 SQL 查询语句形式保存起来。之后根据向导选择数据库实例及要保存的表就可以了	
分离数据库文件	分离数据库文件，以便在不同的主机中使用该数据库。选中要分离的数据库，单击鼠标右键，在弹出的快捷菜单中选择【任务】→【分离】选项，在弹出的对话框中单击【确定】按钮，完成数据库文件的分离	

三、认识 Web 服务器

Web 服务器也称为 WWW 服务器、HTTP 服务器，主要功能是提供网上信息浏览服务。Web 服务器是指驻留于 Internet 上的某种类型计算机的程序。当浏览器（客户端）连到 Web 服务器上并请求文件时，Web 服务器将处理该请求并将文件发送到该浏览器上。Web 服务器使用 HTTP（超文本传输协议）进行信息交流，这就是人们常把它称为 HTTP 服务器的原因。浏览器访问 Web 服务器的流程如图 7-2 所示。目前，常见的 Web 服务器有 WebLogic、WebSphere、Tomcat、IIS 等，本书重点介绍 IIS。

IIS 是 Internet Information Services（互联网信息服务），是由微软提供的基于运行 Microsoft Windows 的互联网基本服务。IIS 是允许在 Internet 上发布信息的 Web 服务器。IIS 是目前最流行的 Web 服务器产品之一，很多著名的网站都是建立在 IIS 平台上的。IIS 提供了一个图形界面的管理工具，称为 IIS 管理器，如图 7-3 所示。可用于监视、配置和控制 Internet 信息服务。

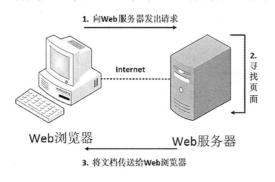

图 7-2　浏览器访问 Web 服务器的流程　　　　图 7-3　IIS 管理器图标

IIS 是一种 Web 服务组件，包括 Web 服务器、FTP 服务器、NNTP 服务器和 SMTP 服务器，分别用于网页浏览、文件传输、新闻服务和邮件发送，它使得在网络（包括互联网和局域网）上发布信息成为一件很容易的事。IIS 管理器界面如图 7-4 所示。

图 7-4　IIS 管理器界面

操 作 方 法

要想搭建物业端监测系统，需要完成物业端数据库部署、物业端 Web 服务器部署及物业端软件的安装与配置（不是只安装一个监测软件）工作。

一、物业端数据库部署

物业端数据库部署的主要操作步骤如表 7-2 所示。

表 7-2　物业端数据库部署的主要操作步骤

序　号	操 作 步 骤	操 作 图 示
1	登录 SQL Server 2008 R2 数据库管理系统。使用 SQL Server 身份进行连接，登录名为 sa，密码为 123456	
2	右击【数据库】文件夹，在弹出的快捷键菜单中选择【附加】选项	

序　号	操 作 步 骤	操 作 图 示
3	单击【添加】按钮，找到智慧社区数据库脚本文件【IntelligentCommunityDB.mdf】，进行导入	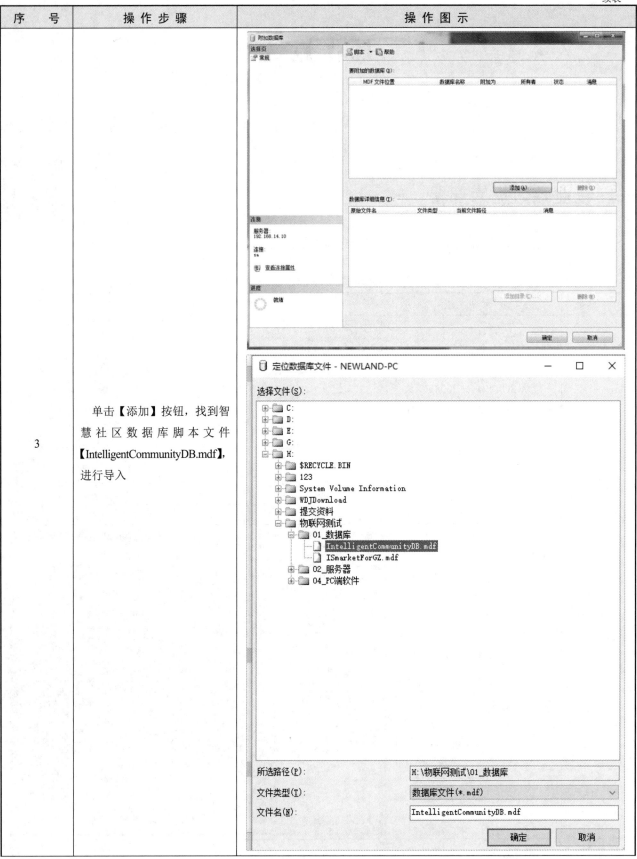

续表

序 号	操 作 步 骤	操 作 图 示
4	单击【确定】按钮，附加成功	
5	单击【添加】按钮，找到智能商超数据库脚本文件【ISmarketForGZ.mdf】，进行导入，步骤同上	

二、物业端 Web 服务器部署

物业端 Web 服务器部署的操作步骤如表 7-3 所示。

扫一扫

表 7-3　物业端 Web 服务器部署的操作步骤

序　号	操作步骤	操作图示
1	双击 IIS 管理器图标，运行 IIS 服务器	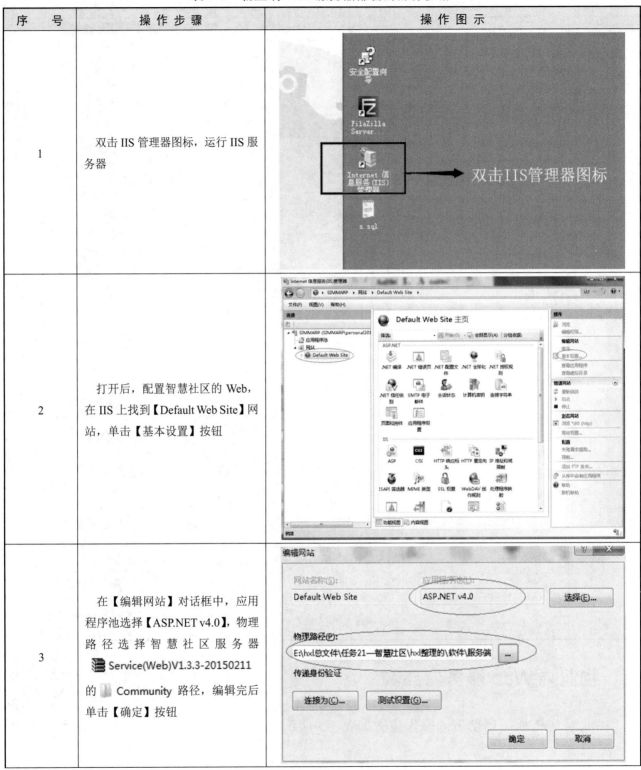
2	打开后，配置智慧社区的 Web，在 IIS 上找到【Default Web Site】网站，单击【基本设置】按钮	
3	在【编辑网站】对话框中，应用程序池选择【ASP.NET v4.0】，物理路径选择智慧社区服务器 Service(Web)V1.3.3-20150211 的 Community 路径，编辑完后单击【确定】按钮	

续表

序　号	操　作　步　骤	操　作　图　示
4	① 右击【Default Web Site】网站，在弹出的快捷菜单中选择【浏览】选项，打开 Web 服务所在的【Communit】文件夹，找到 Web.config； ② 打开之后，将里面的内容改为当前配置的数据库的名称和用户密码，以及服务器的 IP 地址，user id 是数据库用户名，password 是密码，data source 是数据库	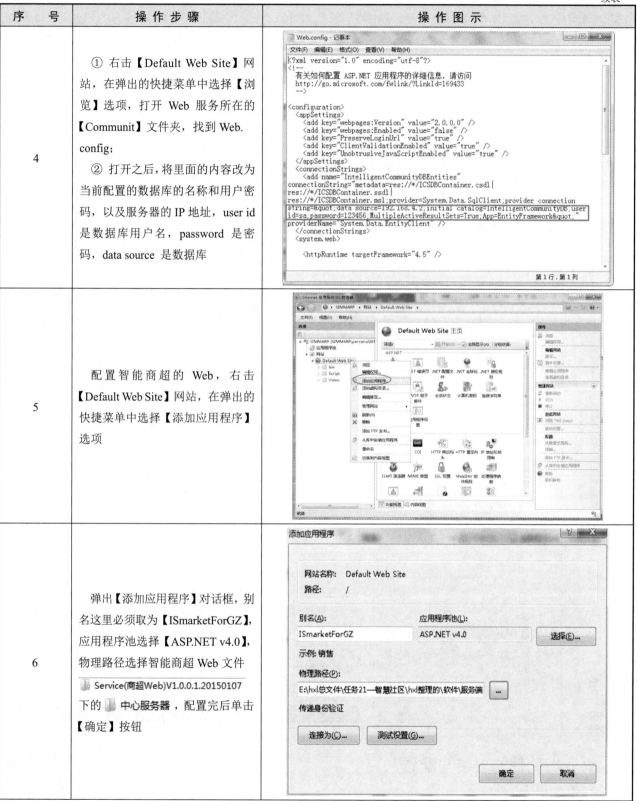
5	配置智能商超的 Web，右击【Default Web Site】网站，在弹出的快捷菜单中选择【添加应用程序】选项	
6	弹出【添加应用程序】对话框，别名这里必须取为【ISmarketForGZ】，应用程序池选择【ASP.NET v4.0】，物理路径选择智能商超 Web 文件🗀 Service(商超Web)V1.0.0.1.20150107 下的 🗀 中心服务器，配置完后单击【确定】按钮	

序 号	操 作 步 骤	操 作 图 示
7	在添加的智能商超的应用程序上右击,在弹出的快捷菜单中选择【浏览】选项,打开 Web 服务所在的【中心服务器】文件夹,找到 Web. config。 在<!--连接字符串是否加密-->部分修改为当前服务器的 IP 地址	
8	网站添加及配置完后,在 IIS 中选择【Default Web Site】网站,单击右边的【浏览*:80(http)】按钮,进入智慧社区网页,进行模拟量、数字量等口的配置	
9	进入 Web 网页后,根据实际的硬件连接选择正确的口,并进行正确的配置	

三、物业端软件的安装与配置

(1)物业端软件安装的操作步骤如表 7-4 所示。

扫一扫

表 7-4　物业端软件安装的操作步骤

序　号	操 作 步 骤	操 作 图 示
1	找到物业端应用安装包 CommunitySetup1.3.5-20161026，双击进行安装	
2	单击【下一步】按钮后如右图所示	
3	单击【下一步】按钮后如右图所示	
4	单击【安装】按钮，一直到安装结束	

（2）物业端应用软件配置的操作步骤见表 7-5 所示。

表 7-5　物业端应用软件配置的操作步骤

序　号	操作步骤	操作图示
1	双击物业端图标，如右图所示	
2	打开物业端应用程序，进入登录界面，如右图所示	
3	在【设置】对话框中，可以设置服务端 IP 地址和摄像头 IP 地址	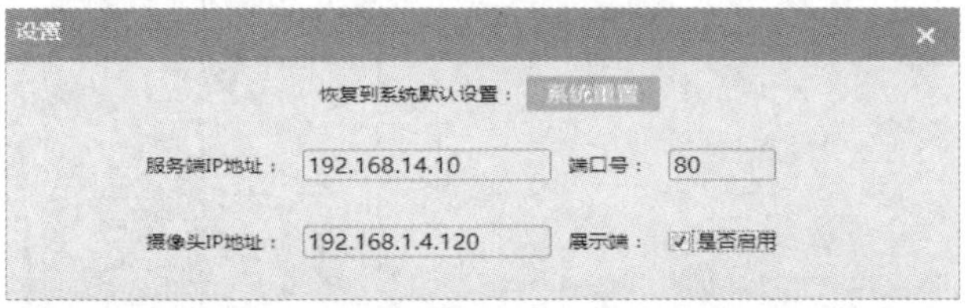
4	使用数据库中事先添加的用户名 test 和密码 123 进行登录	
5	右击物业端图标，找到 PcStoreClient.exe 配置文件，以记事本格式打开它，根据具体情况修改右图中标注的部分。特别是中心服务器页面地址需要修改	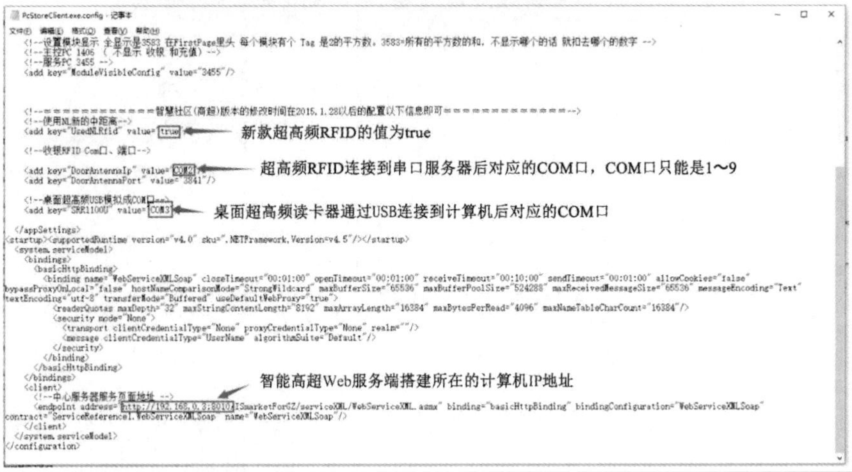

四、故障排除

在系统调试过程中，很可能会出现故障，以下为常见的故障及其排除方法。

故障一：数据库无法正常运行。

故障一的排除步骤如表 7-6 所示。

表 7-6　故障一的排除步骤

序　号	排 除 步 骤	操 作 图 示
1	单击计算机屏幕左下角的【开始】图标，找到【Microsoft SQL Server 2008 R2】文件夹，在其中找到【SQL Server 配置管理器】文件并打开	
2	在 MSSQLSERVER 协议中，TCP/IP 与 Shared Memory 要开启，SQL Server 服务要开启	

故障二：SQL Server 数据库管理系统导入数据库脚本失败。

如果出现导入失败的现象，则有可能是由导入的数据库脚本的权限问题导致的，此时可修改数据库脚本所在文件夹的权限。故障二的排除步骤如表 7-7 所示。

表 7-7　故障二的排除步骤

序　号	排 除 步 骤	操 作 图 示
1	右击【01 数据库】文件夹，在弹出的快捷菜单中选择【属性】选项	

续表

序　号	排　除　步　骤	操　作　图　示
2	选择【安全】选项卡，单击【编辑】按钮	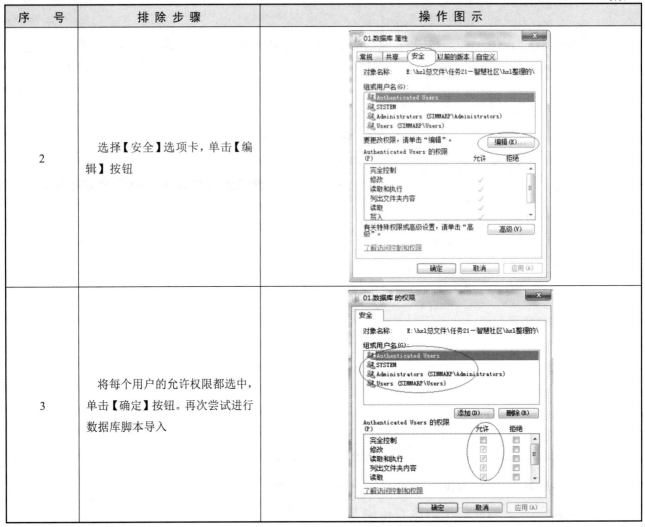
3	将每个用户的允许权限都选中，单击【确定】按钮。再次尝试进行数据库脚本导入	

故障三：物业端安装后，无法正常登录。

此时，需要给安装后目录添加 Everyone 的权限。故障三的排除步骤如表 7-8 所示。

表 7-8　故障三的排除步骤

序　号	排　除　步　骤	操　作　图　示
1	找到安装目录。在生成的图标上单击鼠标右键，在弹出的快捷菜单中选择【属性】选项，结果如右图所示	

续表

序 号	排 除 步 骤	操 作 图 示
2	打开目标所在的位置，右击【北京新大陆时代教育有限公司】文件夹，在弹出的快捷菜单中选择【属性】选项	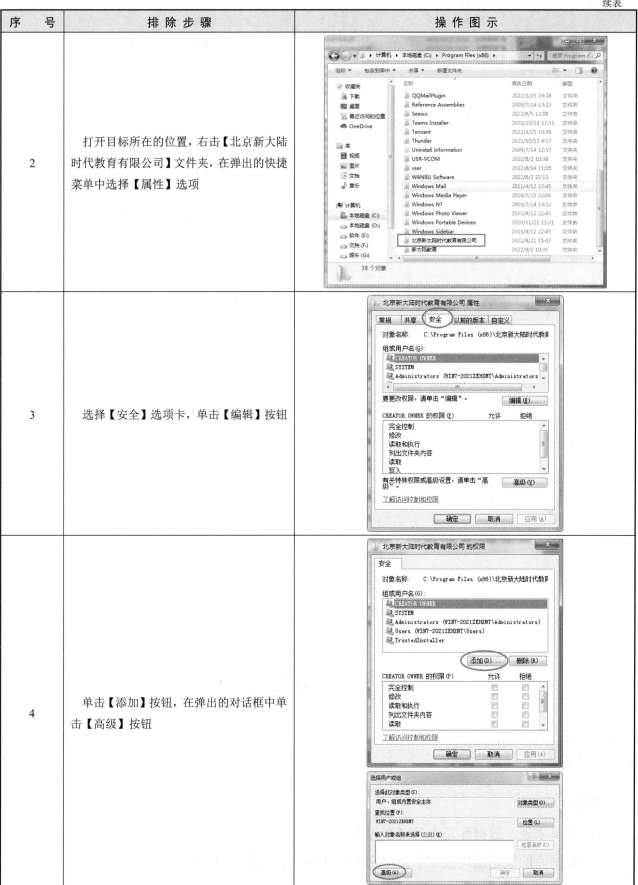
3	选择【安全】选项卡，单击【编辑】按钮	
4	单击【添加】按钮，在弹出的对话框中单击【高级】按钮	

续表

序　号	排除步骤	操作图示
5	单击【立即查找】按钮	
6	找到一个 Everyone 的用户，单击【确定】按钮	
7	选中 Everyone 的所有权限，单击【确定】按钮	

学习引导

活动一　学习准备

一、数据库

1．简单来说，数据库是本身可视为电子化的_____。

2．数据库的数据结构独立于使用它的应用程序，对数据进行的_____、_____、_____、

_____等操作由统一软件进行管理和控制。

3．目前，商品化的数据库管理系统以_____数据库为主导产品。

4．_____是由微软开发的数据库管理系统，是 Web 上最流行的用于存储数据的数据库。

二、Web 服务器

1．Web 服务器也称为_____服务器、_____服务器，主要功能是提供网上信息浏览服务。

2．Web 服务器是指驻留于互联网上的某种类型计算机的_____。

3．Microsoft Windows 的 Web 服务器产品为 Internet Information Services，缩写为_____。

4．_____是允许在 Internet 上发布信息的 Web 服务器，是目前最流行的 Web 服务器产品之一。

5．IIS 又被称为_____。

三、SQL Server 数据库基本操作

阅读 SQL Server 数据库的基本操作文档，完成以下任务。

1．连接数据库。

2．新建数据库实例。

3．数据库查询。

4．生成 SQL 脚本。

5．分离数据库文件。

活动二　制订计划

小组讨论，要完成物业端监测系统的安装与部署，需要针对哪几个方面进行操作？并完成计划书的填写，如表 7-9 所示。

小智提醒

物业端监测系统属于应用层的程序集，涉及对数据进行处理、保存、应用等，故要对服务器、数据库和客户端三者进行关联。因此，要想完成物业端监测系统的安装与部署，就需要对 Web 服务器、数据库、物业端进行配置。

表 7-9　计划书

	_____计划书		
项目名称		项目施工时间	
施工地点		项目负责人	
人员任务分配	施工人员	负责任务	任务目标
施工步骤	步骤名称	完成时间	目标及要求（含结果及工艺）

活动三　任务实施

一、物业端监测系统的安装与部署

根据制订的计划完成任务，并完成施工单的填写，如表 7-10 所示。

表 7-10　施工单

	_____施工单			
项目名称		项目施工时间		
施工地点		项目负责人		
施工记录	施工步骤	现场情况反馈	处理方法及注意事项	用时
施工人员（签字）		记录员（签字）		
		项目经理（签字）		

二、物业端监测系统故障及其排除方法

在物业端监测系统安装的过程中，可能会出现故障，小组合作排除故障，并完成故障排除

表的填写，如表 7-11 所示。

表 7-11　故障排除表

序　号	故 障 现 象	故 障 点	解 决 措 施
1			
2			
3			
4			
5			

活动四　考核评价

考核评价分为知识考核和技能考核两部分，其中，知识考核为结果性评价，占 40%；技能考核注重操作过程，占 60%。知识考核由教师根据学生的答题情况完成评定，技能考核由学生自评、互评和师评共同组成。

一、知识考核

（一）填空题

1．数据库是数据的集合，其数据结构独立于使用它的应用程序，可以对数据进行_____、_____、_____、_____等操作。

2．_____是目前最受欢迎的开源 SQL 数据库管理系统之一。

3．生成 SQL 脚本是指把当前数据库结构以_____语句形式保存起来。

4．_____是目前最流行的 Web 服务器产品之一，提供了图形界面的管理工具，可用于监视、配置和控制 Internet 信息服务。

5．在本项目中，数据库的账号（登录名，用户名）使用的是_____，默认密码是_____。

（二）选择题

1．下列有关数据库的描述，正确的是（　　　）。

A．数据库是一个结构化的数据集合　　　　B．数据库是一个关系

C．数据库是一个 DBF 文件　　　　D．数据库是一组文件

2．数据库中不仅能够保存数据本身，还能够保存数据之间的相互联系，保证了对数据修改的（　　　）。

A．独立性　　　　B．安全性　　　　C．共享性　　　　D．一致性

（三）判断题

1．在本项目中，使用的数据库是 MySQL。（　　　）

2．在数据库中，通过使用数据库分离的方法可以去除附加的数据库。（　　　）

3．在使用 IIS 管理器管理网站时，必须设置相应的映射路径才能对网站进行访问。（　　　）

4．在浏览智慧社区网站时，必须设置好相应的串口及数据口后，数据才能被正确接收。（　　　）

5．安装完物业端软件后，必须对其 Web 配置文件进行设置后才能正常接收数据。（　　　）

二、技能考核

师评主要指教师根据学生完成项目的过程参与程度、规范遵守情况、学习效果等进行综合评价，互评主要指小组内成员根据同伴的协作学习、纪律遵守情况等进行评价，自评主要指学生自己针对项目学习的收获、学习成长等进行评价。具体考核内容和标准如表 7-12 所示。

表 7-12　技能考核表

序　号	评价模块	评 价 标 准	自评（10%）	互评（10%）	师评（80%）
1	学习准备（15 分）	能根据任务要求完成相关信息的收集工作（5 分）			
		自学质量（习题完成情况）（5 分）			
		完成 SQL Server 2008 的基本操作（5 分）			
2	制订计划（25 分）	小组能讨论出完成物业端监测系统安装与调试的主要步骤（10 分）			
		小组合作制订出合理的项目实施计划（15 分）			
3	任务实施（60 分）	能完成物业端监测系统的安装与调试（15 分）			
		能排除物业端监测系统在配置、调试过程中出现的故障（15 分）			
		能根据本小组任务完成情况进行展评、总结（15 分）			
		能完成实训台的桌面整理与清理（5 分）			
		团队合作默契（5 分）			
		实训操作安全且规范（5 分）			
4	合计				

项目八　智慧社区系统安装与调试

党的二十大报告指出，"坚持人民城市人民建，人民城市为人民，提高城市规划、建设、治理水平，加快转变超大特大城市发展方式，实施城市更新行动，加强城市基础设施建设，打造宜居、韧性、智慧城市"。随着科技的发展，我们所熟悉的物质城市已经开始迅速形成一个信息化、数字化的智慧城市。其中，智慧社区就是具有代表性的一部分。智慧社区依托互联网，运用物联网技术为社区居民提供便利。作为专业技术人员，你需要完成智慧社区系统的设计和安装，并保障设备的正常运行。你可以先查阅并收集与智慧社区系统相关的必备知识，查阅智慧社区系统安装的步骤和方法，并按照"学习引导"部分的活动流程完成本项目的学习，并达成以下学习目标。

1. 能阐述智慧社区的定义、功能及系统构成。
2. 能识读并正确绘制智慧社区系统接线图及布局图。
3. 能按照操作规范和工艺要求完成智慧社区系统的线路连接。
4. 能正确配置智慧社区网络设备并完成智慧社区系统部署。
5. 能使用智慧社区物业端软件查看各模块的功能。
6. 能借助物业端软件排除智慧社区系统的典型故障。

安全注意事项：
1. 在安装各种设备时，注意挂装时的工具使用安全，避免划伤手。
2. 设备接线时的正负极不能短路，注意区分供电电源的大小。
3. 在安装位置比较高的设备时，注意上、下扶梯安全。

必备知识

一、智慧社区系统的构成

智慧社区是指充分利用物联网、云计算、移动互联网等新一代信息技术的集

扫一扫

成应用为社区居民提供一个安全、舒适、便利的现代化、智慧化生活环境，从而形成基于信息化、智能化社会管理与服务的一种新的管理形态的社区。

智慧社区涉及智慧物业、智能家居、智慧养老、安全防范、家庭护理、个人健康与数字生活等诸多领域。在本项目中，智慧社区系统主要涵盖了环境监测、智能商超、费用管理、智能安防、公共广播、智能路灯 6 个功能平台，如图 8-1 所示。

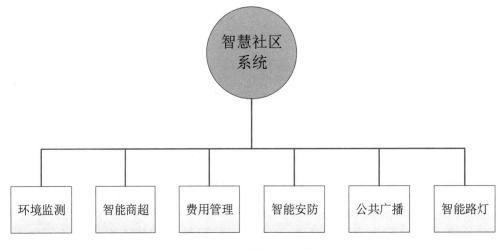

图 8-1　智慧社区系统

二、智慧社区系统设备及功能

1. 环境监测平台

环境监测平台设备及功能说明如表 8-1 所示。

表 8-1　环境监测平台设备及功能说明

设　　备	功　　能
大气环境	
模拟量采集器、数字量采集器、继电器、大气压力传感器、温湿度传感器、光照传感器、风速传感器、二氧化碳传感器、空气质量传感器、电压电流变送器	由各个传感器通过模拟量采集器把采集的数据通过 RS-485/232 转换器传输到物业计算机端，由物业计算机端进行显示，同时将数据传输到智慧社区动画场景及业主端
水文环境	
液位传感器、水温传感器、加热器、模拟量采集器、数字量采集器、继电器	通过液位/水温传感器连接模拟量采集器，加热器连接继电器，继电器连接数字量采集器，物业端显示传感器数据并控制加热器工作
土壤环境	
土壤水分传感器、模拟量采集器、智能终端、数字量采集器、风扇、雾化器	土壤水分传感器将感应数据传输到物业端、智能终端，并控制风扇和雾化器工作

2. 智能商超平台

智能商超平台设备及功能说明如表 8-2 所示。

表 8-2　智能商超平台设备及功能说明

设　　备	功　　能
智能卖场	
手持终端、串口服务器、扫描枪、小票打印机、RFID、数码价格标签、射频卡、路由器、智能终端、摄像头	扫描枪、小票打印机连接计算机，RFID 连接串口服务器，路由器连接计算机、串口服务器，通过摄像头远程查看并购买物品

3．费用管理平台

费用管理平台设备及功能说明如表 8-3 所示。

表 8-3　费用管理平台设备及功能说明

设　　备	功　　能
智能支付	
高频卡、读卡器、智能终端	高频卡和读卡器连接到计算机端，业主可以拿射频卡进行刷卡充值操作，通过智能终端可以查看缴费情况和余额

4．智能安防平台

智能安防平台设备及功能说明如表 8-4 所示。

表 8-4　智能安防平台设备及功能说明

设　　备	功　　能
智能安防	
红外对射传感器、烟雾传感器、火焰传感器、继电器、报警灯、LED 屏、巡更棒、人员标签	实时检测火焰、烟雾和是否有人入侵。当出现火焰或烟雾时，报警灯报警，LED 屏提示小区有火

5．公共广播

公共广播平台设备及功能说明如表 8-5 所示。

表 8-5　公共广播平台设备及功能说明

设　　备	功　　能
公共广播	
火焰传感器、烟雾传感器、报警灯、LED 屏、串口服务器、数字量采集器、二氧化碳传感器、风速传感器、模拟量采集器	二氧化碳传感器、风速传感器数据通过模拟量采集器送入物业端，火焰传感器、烟雾传感器数据通过数字量采集器送入物业端。如果出现超出设置范围值的情况，就通过 LED 屏显示相关信息，报警灯亮起

6．智能路灯

智能路灯平台设备及功能说明如表 8-6 所示。

表 8-6　智能路灯平台设备及功能说明

设　备	功　能
智能路灯	
照明灯、继电器、光照传感器、人体红外传感器	通过光照传感器和人体红外传感器感应的数据传到物业端。物业端可以根据感应数据自动控制开/关灯，也可以手动控制

操作方法

为提高系统安装的成功率，请严格按照"设备布局→设备安装→线路连接→系统调试→故障排除"的流程操作。操作过程中还需要结合场地尺寸、使用要求、操作规范等灵活调整施工方案。下面仅针对各施工环节中的关键技术或重点操作做强调说明。

一、设备布局

因为智慧社区系统各个平台之间有公用的设备，因此无法按照平台来布局。布局时，可将网络层设备放在一起、传感器放在一起、负载放在一起，布局要尽量均匀、美观。图 8-2 是根据实训室操作间设计的设备布局图，仅供参考。

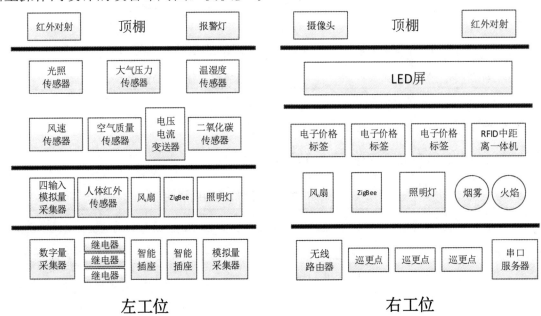

图 8-2　设备布局图

二、设备安装

在安装过程中要注意以下几点。

★在安装设备之前，先安装线槽，以便划分区域。

★安装设备时按照一定的顺序进行，以免漏装。

★安装设备时一定要小组合作，将设备固定牢固。

★安装设备时注意设备走线方向，方便下一步接线。

★在安装位置比较高的设备时，注意上、下扶梯安全。

三、线路连接

智慧社区系统接线图分为左工位和右工位，其中左工位接线图如图 8-3 所示。

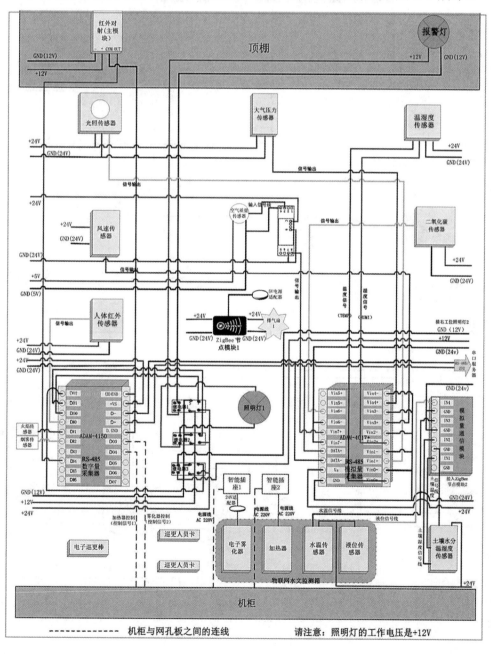

图 8-3　左工位接线图

右工位接线图如图 8-4 所示。

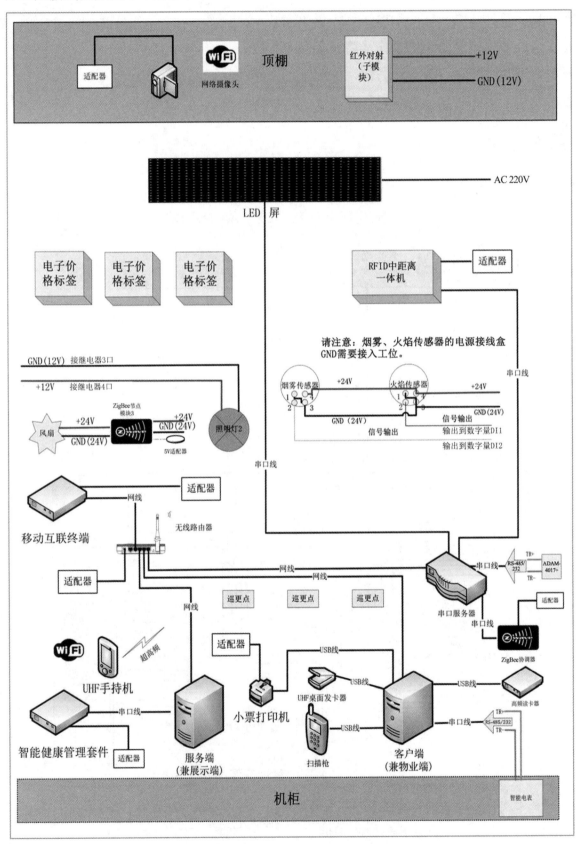

图 8-4 右工位接线图

接线时，严格按照接线图进行线路连接。接线时要注意以下几点。

★在实训台上有交流 220V、直流 24V/12V/5V 电源，在接电源时要注意设备供电与电源电压是否一致。

★接线、压线时注意不要压到绝缘层，但是也不能留得过长，以免发生漏电触电现象。

★接线端的连接要安装牢固，如转换器要用螺钉拧紧。

★信号线和电源线要按照规范走线槽，不能散乱在外面。

四、系统调试

（一）线路检查与系统部署

★在通电调试系统功能之前，先在断电状态下完成线路和工艺检查。

★完成路由器、串口服务器的配置。

★完成数据库、Web 网站、物业端软件的部署。

扫一扫

（二）系统功能调试

系统功能调试步骤如表 8-7 所示。

表 8-7 系统功能调试步骤

步　骤	操 作 说 明	操 作 实 例
登录物业端	① 双击打开物业端应用程序，呈现登录界面	![智慧社区 物业管理中心登录界面]
	② 单击【设置】按钮，进入【设置】对话框，按要求填写服务端 IP 地址、端口号和摄像头 IP 地址	![设置对话框 服务端IP地址 192.168.10.14 端口号 80 摄像头IP地址 192.168.10.255 展示端 是否启用]

续表

步　　骤	操 作 说 明	操 作 实 例
登录物业端	③ 设置完成后，使用用户名 test、密码 123 登录，进入智慧社区主界面	
环境监测设置	① 单击智慧社区主界面的【环境监测】按钮，进入【环境监测】界面，环境监测包括大气环境、水文环境、土壤环境，当前显示的是大气环境	
	② 单击【水文环境】标签，显示水文环境	
	③ 单击【土壤环境】标签，显示土壤环境	

步　骤	操作说明	操作实例
智能商超设置	① 单击智慧社区主界面的【智能商超】按钮，进入【智能商超】界面	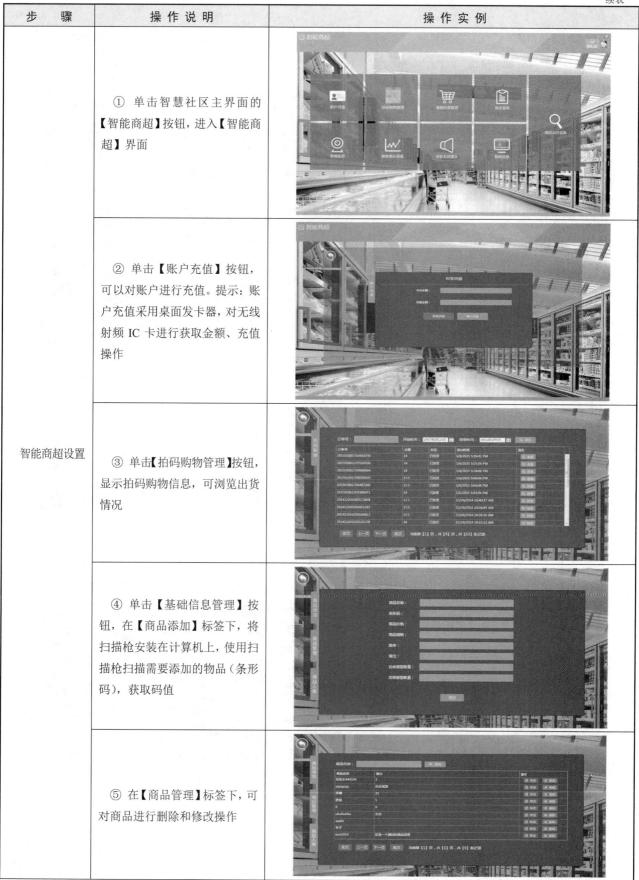
	② 单击【账户充值】按钮，可以对账户进行充值。提示：账户充值采用桌面发卡器，对无线射频 IC 卡进行获取金额、充值操作	
	③ 单击【拍码购物管理】按钮，显示拍码购物信息，可浏览出货情况	
	④ 单击【基础信息管理】按钮，在【商品添加】标签下，将扫描枪安装在计算机上，使用扫描枪扫描需要添加的物品（条形码），获取码值	
	⑤ 在【商品管理】标签下，可对商品进行删除和修改操作	

步　　骤	操 作 说 明	操 作 实 例
智能商超设置	⑥ 在【商品入库】标签下，通过桌面超高频读卡器对商品标签进行读取，与商品进行绑定，依次单击【开始读取】【提交】按钮，进行商品入库操作	
	⑦ 单击【购物结算】按钮，使用 RFID（超高频读卡器）方式读取卡的方式进行支付。结算完成后，根据提示打印购物小票	
费用管理设置	① 在智慧社区主界面单击【费用管理】按钮，单击【水电费】标签，可以查看业主水电费的缴费情况	
	② 单击【物业费】标签，可进行物业费的查询与计费，同时数据会下发到安卓端，通过安卓端进行支付操作。单击【停车费】标签，可进行停车费的查询与缴费	

步　骤	操 作 说 明	操 作 实 例
社区安防设置	① 单击智慧社区主界面的【社区安防】按钮，结果如右图所示。在感应到火焰、烟雾或人体时，会产生告警提示内容，提示内容会推送到 LED 屏上进行显示	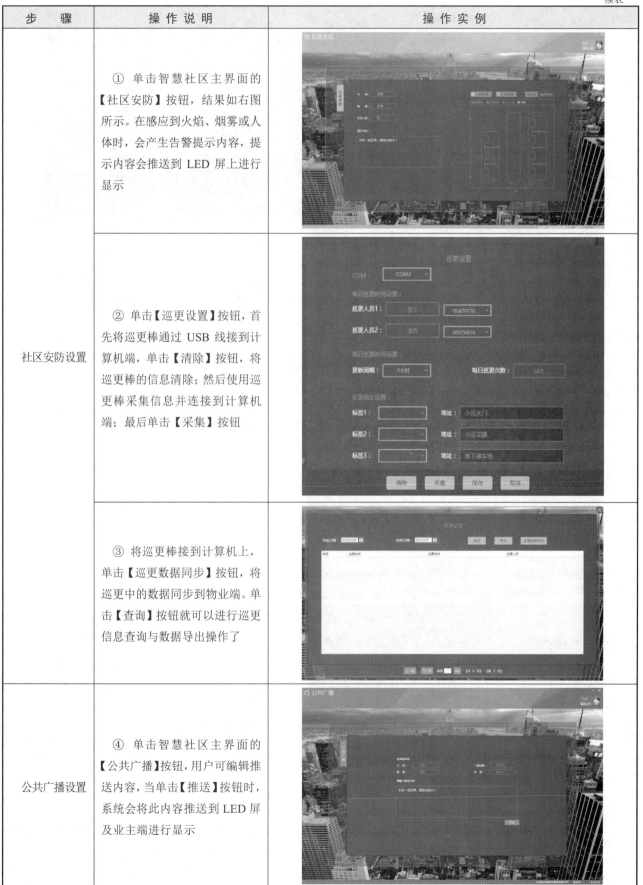
	② 单击【巡更设置】按钮，首先将巡更棒通过 USB 线接到计算机端，单击【清除】按钮，将巡更棒的信息清除；然后使用巡更棒采集信息并连接到计算机端；最后单击【采集】按钮	
	③ 将巡更棒接到计算机上，单击【巡更数据同步】按钮，将巡更中的数据同步到物业端。单击【查询】按钮就可以进行巡更信息查询与数据导出操作了	
公共广播设置	④ 单击智慧社区主界面的【公共广播】按钮，用户可编辑推送内容，当单击【推送】按钮时，系统会将此内容推送到 LED 屏及业主端进行显示	

续表

步 骤	操作说明	操作实例
智能路灯设置	单击智慧社区主界面的【智能路灯】按钮，在出现的界面内可手动控制路灯与楼道灯，也可根据时间或自然光照值自动控制路灯与楼道灯	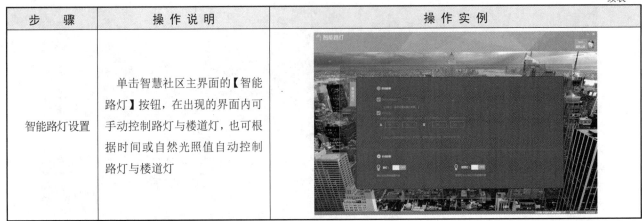

五、故障排除

在调试过程中，遇到问题是非常正常的事情。一般会按照 3 个步骤完成排除故障工作，即观察故障现象、划定故障范围、确定故障位置，从而排除故障。

表 8-8 列出了常见的故障现象及其解决方法/原因。

表 8-8　常见的故障现象及其解决方法/原因

故 障 现 象	解决方法/原因
串口服务器无法连接	（1）检查驱动程序是否安装； （2）检查网络是否正常，在命令行系统的 cmd 窗口中使用 ping 命令检测网络是否连通； （3）检查网关设置是否正确； （4）检查虚拟串口设置是否正确； （5）检查防火墙是否未关闭
网络摄像头连接失败	（1）检查驱动程序是否安装； （2）检查网络地址是否在同一网段； （3）检查端口号是否为 80
无线数据不能接收	（1）观察 ZigBee 节点板是否组网； （2）检查 ZigBee 协调器与串口服务器之间连接是否紧密； （3）检查 Web 网页中的 ZigBee 口设置是否与虚拟串口一致
数据采集器数据不能被接收	（1）检查数据采集器的负端是否连接在一起并接地； （2）检查 RS-485/232 端子接线是否正确； （3）检查 Web 网页中的 ZigBee 口设置是否与虚拟串口一致
数据库无法连接	（1）配置 SQL Server 数据库验证方式，选择默认 Windows 身份验证模式，选择混合模式，设置用户名、密码； （2）若 SQL Server 服务未开启，则将 SQL Server 服务中的服务开启
智慧社区网页无法打开	（1）未成功添加智慧社区数据库； （2）Web.config 中的相应信息未修改，展示端 IP 地址需要修改为实际连接的展示端 IP 地址； （3）服务端的 IP 地址是实际服务端的 IP 地址； （4）服务端数据库的用户、密码分别填写所连接的数据库的用户名和密码

续表

故 障 现 象	解决方法/原因
物业端无法打开，显示【基础提供程序在 open 上失败】信息	（1）服务器 IP 地址和端口号没有在物业端设置或设置错误； （2）SQL Server 数据库中没有附加 IntelligentCommunityDB.mdf 数据库； （3）数据库服务没有启用 SQL Server（MSSQLSERVER）； （4）IIS 网站没有添加 Community 应用程序； （5）Community 文件夹中的 Web.config 文件配置不正确

学习引导

活动一　学习准备

1．智慧社区是指充分利用_____、_____、_____等新一代信息技术的集成应用为社区居民提供一个安全、舒适、便利的现代化、智慧化生活环境，从而_____。

2．请将智慧社区系统的主要功能平台填入图 8-5 中。

图 8-5　智慧社区系统的主要功能平台

3．智慧社区涉及智慧物业、_____、智慧养老、安全防范、家庭护理、个人健康与数字生活等诸多领域。

4．阅读资料，完成智慧社区拓扑图，如图 8-6 所示。

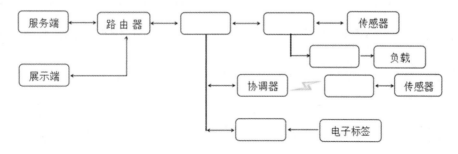

图 8-6　智慧社区拓扑图

活动二　制订计划

一、绘制智慧社区系统布局图

小组讨论，完成设备布局图的设计，并利用 Visio 软件绘制布局图，保存为"智慧社区系统布局图.vsd"。

二、制订任务实施计划

1. 本项目的工作量很大，主要包括设备布局、设备安装、设备接线、系统的安装与部署、系统调试。如果一个团队由 3 人组成，那么如何分配任务合适呢？

答：_____

_____

_____

_____。

小智提醒：

设备的安装与接线需要两个人配合。尤其对于安装设备，一人在操作台前找好位置，一人在操作台后紧固螺钉。接线的任务量很大，也需要两个人共同完成。系统的安装与部署都在计算机上操作，可由另外一人完成。

2. 小组讨论，根据学习资料提示制订出合理的任务实施计划，并填入表 8-9 中。

小智提醒：

智慧社区系统的施工任务主要包含设备选型与检测、设备配置、设备安装与固定、设备接线、系统安装与部署、系统调试与运行等。

表8-9　计划书

_____计划书			
项目名称		项目施工时间	
施工地点		项目负责人	
人员任务分配	施工人员	负责任务	任务目标
施工步骤	步骤名称	完成时间	目标及要求（含结果及工艺）

活动三　任务实施

一、智慧社区系统的安装与调试

根据制订的计划完成任务，并完成施工单的填写，如表8-10所示。

表8-10　施工单

_____施工单				
项目名称		项目施工时间		
施工地点		项目负责人		
施工记录	施工步骤	现场情况反馈	处理方法及注意事项	用时
施工人员（签字）		记录员（签字）		
		项目经理（签字）		

二、故障诊断及排除

小组合作，观察故障现象，确定故障点，讨论排除故障的方法，并填在表 8-11 中。

表 8-11　故障排除表

序　号	故　障　现　象	故　障　点	解　决　措　施
1			
2			
3			
4			
5			

▌小智提醒：▌

物联网系统主要包含 3 层：感知层、网络层、应用层。在每一层都有可能发生故障，发生故障后，可根据故障现象判断是哪一层出现了故障，缩小故障范围后进一步判断。如果无法断定是哪一层的问题，则可用排除法。首先直接将感知层的数据用串口接入计算机，然后通过串口助手判断是否该层正常。如果没有问题，则加上网络层再试，这样就可以逐一划定故障范围、确定故障点并排除故障了。

三、功能检测

功能检测的具体内容如表 8-12 所示。

表 8-12　功能检测的具体内容

智慧社区系统平台	功能实现记录			
环境检测	大气环境：			
	温度：	湿度：	光照：	风速：
	大气压力：	空气质量：	二氧化碳：	
	水文环境：			
	水位：	水温：	□加热棒开启	
	土壤环境：			
	土壤水分：	□风扇开启	□雾化器开启	
智能商超	□基础信息管理	□商品入库	□视频监控	
	□账户充值	□购物结算	□费用管理	
社区安防	□火焰	□烟雾	□非法入侵	□巡更功能
公共广播	□火焰	□烟雾	□LED 屏	
	二氧化碳：	风速：		
智能路灯	□路灯	□楼道灯	□手动控制	□自动控制

活动四　考核评价

考核评价分为知识考核和技能考核两部分，其中，知识考核为结果性评价，占 40%；技能考核注重操作过程，占 60%。知识考核由教师根据学生的答题情况完成评定，技能考核由学生自评、互评和师评共同组成。

一、知识考核

（一）填空题

1. _____是社区管理的一种新理念，是新形势下社会管理创新的一种新模式。

2. _____系统让家庭更舒适、更方便、更安全、更环保。

3. 在楼门口、电梯等处安装_____控制装置，居民要想进入，必须有卡或输入正确的密码，或者按专用生物密码。

4. 网络传输可分为无线和有线两种方式。在智能家居系统中，常用_____传输方式进行智能化管理。

（二）选择题

1. 下列哪一种传感器不用于环境监测？（　　　）

A. 温湿度传感器　　　　　　　　　B. 大气压力传感器

C. 红外对射传感器　　　　　　　　D. 空气质量传感器

2. 以下用于入侵探测的传感器是（　　　）。

A. 烟雾传感器　　　　　　　　　　B. 人体红外传感器

C. 光照传感器　　　　　　　　　　D. 二氧化碳传感器

（三）判断题

1. 传感器采集的数据都要送入数据采集器，通过 RS-485 的通信标准传递数据。（　　　）

2. 火焰传感器数据送入 ADAM-4017。（　　　）

3. 环境监测平台包含大气环境、水文环境和土壤环境。（　　　）

4. 电子巡更系统是管理者考察巡更者是否在指定时间按巡更路线到达指定地点的一种手段。（　　　）

二、技能考核

师评主要指教师根据学生完成项目的过程参与程度、规范遵守情况、学习效果等进行综合评价，互评主要指小组内成员根据同伴的协作学习、纪律遵守情况等进行评价，自评主要指学生自己针对项目学习的收获、学习成长等进行评价。具体考核内容和标准如表 8-13 所示。

表 8-13　技能考核表

序　号	评 价 模 块	评 价 标 准	自评（10%）	互评（10%）	师评（80%）
1	学习准备（10分）	能根据任务要求完成相关信息的收集工作（5分）			
		自学质量（习题完成情况）（5分）			
2	制订计划（20分）	能识别智慧社区系统接线图并完成布局图的绘制（10分）			
		小组合作制订出合理的项目实施计划（10分）			
3	任务实施（70分）	能完成智慧社区系统设备的安装与接线（15分）			
		能正确完成智慧社区系统部署（10分）			
		能将智慧社区系统的功能全部调试出来（10分）			
		能排除智慧社区系统在安装与调试过程中出现的故障（10分）			
		能根据本小组任务完成情况进行展评、总结（10分）			
		能完成实训台的桌面整理与清理（5分）			
		团队合作默契（5分）			
4	合作	实训操作安全且规范（5分）			

项目九 基于云平台的智慧农业监测系统安装与调试

农业是人类社会及其他产业生存和发展的基础。随着信息社会的普及与发展，现代信息技术在农业中也得到广泛运用，特别是智慧农业云平台的使用，让农业生产技术和科学管理水平得到进一步的提高。通过云平台可以在线监测农作物的各种数据，以此获得农作物生长的最佳条件。作为专业技术人员，请你搭建基于云平台的智慧农业监测系统，参照实际工程项目实施流程开展学习，进而达成以下学习目标。

1. 能描述物联网云平台的含义。
2. 能完成物联网云平台的配置。
3. 能完成智慧农业监测系统拓扑图、接线图及布局图的绘制。
4. 能完成智慧农业监测系统的安装与调试。
5. 能排除智慧农业监测系统的典型故障。
6. 能完成智慧农业监测系统有线传感数据的接收。
7. 能养成团队合作意识，提升信息收集能力及规范操作意识。

安全注意事项：

1. 在安装各种设备时，注意挂装时的工具使用安全，避免划伤手。
2. 设备接线时的正负极不能短路。
3. 在安装位置比较高的设备时，注意上、下扶梯安全。

必备知识

一、智慧农业监测系统的构成

智慧农业监测系统由各类传感器、继电器、网关、路由器、摄像头和服务器等组成，如

图 9-1 所示。各类传感器采集到数据以后，通过节点板回传给网关，网关通过网络通信上传至云平台，云平台根据采集到的数据进行改善操作，如打开风扇等，而摄像头则进行实时监控。

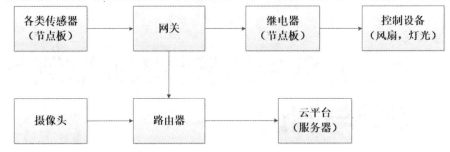

图 9-1　农业监测系统结构图

二、物联网云平台

（一）云计算

云计算是一种基于互联网的只需最少的管理和与服务提供商的交互就能够便捷、按需地访问共享资源（包括网络、服务器、存储、应用和服务等）的计算模式。它是一种 IT 资源的交付和使用模式，即通过网络以按需、易拓展的方式获得所需的硬件、平台、软件及服务等资源。这种服务模式被比喻为云服务。

（二）云平台

云平台也称为云计算平台，是基于硬件的服务提供计算、网络和存储能力，并可以提供 IaaS、PaaS、SaaS 等各种云服务的平台。

（1）IaaS，基础设施即服务：消费者通过互联网可以从完善的计算机基础设施中获得服务。

（2）PaaS，平台即服务：把用户需要的开发语言和工具（如 Java、Python、NET 等）、开发或收购的应用程序等部署到供应商的云计算基础设施上，用户不需要管理或控制底层的云基础设施，包括网络、服务器、操作系统、存储等，但能控制部署的应用程序，也能控制运行应用程序的托管环境配置。

（3）SaaS，软件即服务：提供给用户的服务是运营商运行在云计算基础设施上的应用程序，用户可以在各种设备上通过客户端界面（如浏览器）进行访问。

在今天这个云计算的时代，基于云计算理念构建在计算、存储、网络等基础资源之上的云平台逐步大行其道；而随着多种云平台技术路线的发展，多个云平台开始出现在企业 IT 市场。

（三）云平台分类

云平台主要分为两大类：公有云平台和私有云平台。

公有云平台就是提供给大众使用的云平台。任何人或任何企业均可以在公有云平台内购买、申请相应的资源。对公有云平台来说，其本身的硬件资源（机房、服务器、数据中心）是由云平台提供商组建的。国内比较知名的公有云平台有阿里云、腾讯云、百度云、新浪云、华为云、盛大云等。

私有云平台简称私有云，顾名思义就是私人的云平台，一般是企业自行搭建的，提供给企业内部使用。各个业务部门或各个项目组作为客户，从云平台上申请资源进行使用。私有云平台是一种提高企业内资源利用率的手段。同时，基于云平台上提供的各种服务，也方便企业内部的开发。

（四）物联网云平台简介

1. 物联网云平台的定义

物联网云平台是由物联网中间件这一概念逐步演进形成的。简单而言，物联网云平台是物联网平台与云计算的技术融合，是架设在 IaaS 层上的 PaaS 软件，通过联动感知层和应用层，向下连接、管理物联网终端设备，归集、存储感知数据，向上提供应用开发的标准接口和共性工具模块，以 SaaS 软件的形态间接触达最终用户（也存在部分行业为云平台软件，如工业物联网），通过对数据的处理、分析和可视化驱动理性、高效决策。物联网云平台是物联网体系的中枢神经，协调整合海量设备、信息，构建高效、持续可拓展的生态，是物联网产业的价值凝结。

物联网云平台是基于智能传感器、无线传输技术、大规模数据处理与远程控制等物联网核心技术与互联网、无线通信、云计算大数据技术高度融合开发的云服务平台，是集设备在线采集、远程控制、无线传输、数据处理、预警信息发布、决策支持、一体化控制等功能于一体的物联网系统。用户及管理人员可以通过手机、平板、计算机等信息终端实时掌握传感设备信息，及时获取报警、预警信息，并可以手动/自动地调整控制设备，最终使以上管理变得轻松、简单。

2. 新大陆物联网云服务平台介绍

新大陆物联网云服务平台（NLECloud）是针对物联网教育、科研及行业应用推出的进行物联网大数据存储、分析的物联网云端应用管理的开发平台，旨在提供一个开放的物联网云服务平台，使得传感器数据的接入、存储、展现及设备控制变得轻松、简单。物联网云服务平台是为实验、实训、项目设计、比赛、毕业设计等提供一套完整的软硬件环境，轻松、快速了解物联网行业应用，学习物联网相关技术的平台。用户通过该平台可使用组态，不需要掌握任何编程技术即可完成上层应用的展示；也可以通过开放的 API 接口实现个性化的计算机、移动应用。新大陆物联网云服务平台也可作为物联网技术实训室的组成部分，配套的课程可为"物联网技术概论""无线传感器技术"等。云平台架构如图 9-2 所示。

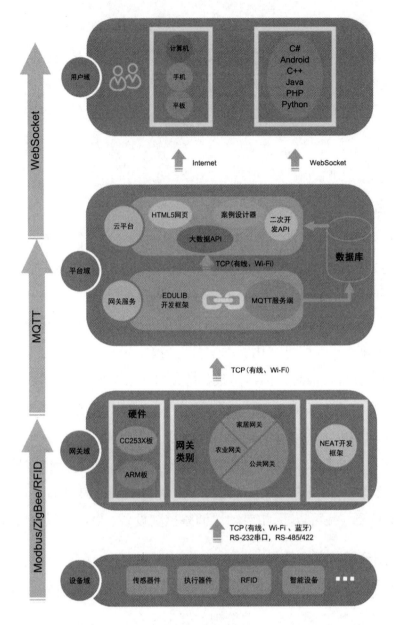

图 9-2　云平台架构

三、数据网关设备概述

（一）网关设备介绍

物联网数据采集网关也叫工业物联网智能网关、无线数据采集网关、工业通信网关、工业以太网串口智能网关、RS-485 串口 Modbus 智能网关等，属于无线传感器网络产品，具有高度集成化的特点，集数据接收、协议转换、无线通信传输等功能于一体，支持多种通信协议和通信方式，可采用 4G、5G、Wi-Fi 及以太网等多种通信方式。

网关设备是传感器、执行硬件设备与云平台之间的中间件，负责收集有线传感与无线传感的数据，通过网络方式将数据传给云平台，在整个项目中起着很重要的作用。

（二）NLE-PE9000 网关

在新大陆物联网实训套件中，使用的物联网网关型号为 NLE-PE9000。该网关设备支持 Wi-Fi、RS-485、以太网、ZigBee、USB、RFID、蓝牙等通信功能，支持电容触摸屏，使用电源电压为 12V。

1. 外观

NLE-PE9000 网关正面实物图如图 9-3 所示。

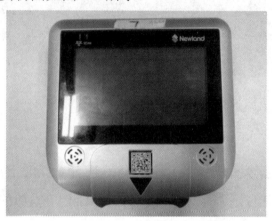

图 9-3　NLE-PE9000 网关正面实物图

NLE-PE9000 网关背面两侧有两个带有螺钉的盖子，内嵌有网口、电源口、USB 口，使用配套工具将其拧开后方可使用其中的口，如图 9-4 所示。

图 9-4　NLE-PE9000 网关背面实物图

如图 9-5 所示，NLE-PE9000 网关设备的底部有 Debug 调试口、RS-485 接口、电源按键、CAN 口。其中 Debug 调试口可用专门的调试线将网关连接到计算机端进行调试。

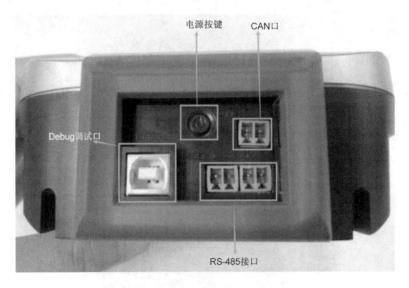

图 9-5　NLE-PE9000 网关底部介绍

2. 有线数据采集

有线传感数据需要用数据采集器来收集，采集器通过 RS-485 总线将数据送给网关。

网关上的 RS-485 接口中的"+""−"分别对应 ADAM-4017 模块的"(Y)DATA+""(G)DATA−"，如图 9-6 所示。

图 9-6　RS-485 端子接线

操作方法

为提高系统安装的成功率，请严格按照"设备配置→设备安装→线路连接→系统调试→故障排除"的流程操作。操作过程中还需要结合场地尺寸、使用要求、操作规范等灵活调整施工方案。以下仅针对各施工环节中的关键技术或重点操作做强调说明。

一、设备配置

（一）ZigBee 节点板配置

（1）ZigBee 传感器板和继电器板下载程序不一样，注意区分。

（2）在对 ZigBee 传感器板和继电器板进行配置时，保持 Pand ID、Chanel 一致。

（二）网关配置

（1）将网关连接到无线路由器上，并通过路由器查出网关的 IP 地址。

（2）连接参数用于设置网关连接云平台的通信 IP 地址及端口。

IP 地址的获取方法如下。

① 在计算机桌面上使用 Win＋R 组合键打开"运行"对话框。

② 输入 cmd 命令并按 Enter 键，打开命令窗口。

③ 输入 ping ndp.nlecloud.com 并按 Enter 键。

④ 转译过来的 IP 地址就是云平台的通信 IP 地址，如图 9-7 所示。

```
C:\Users\Administrator>ping ndp.nlecloud.com

正在 Ping ndp.nlecloud.com [121.37.241.174] 具有 32 字节的数据:
来自 121.37.241.174 的回复: 字节=32 时间=80ms TTL=45
来自 121.37.241.174 的回复: 字节=32 时间=79ms TTL=45
来自 121.37.241.174 的回复: 字节=32 时间=58ms TTL=45
来自 121.37.241.174 的回复: 字节=32 时间=62ms TTL=45

121.37.241.174 的 Ping 统计信息:              IP
    数据包: 已发送 = 4, 已接收 = 4, 丢失 = 0 <0% 丢失>,
往返行程的估计时间<以毫秒为单位>:
    最短 = 58ms, 最长 = 80ms, 平均 = 69ms
```

图 9-7 通过 ping 命令获取 IP 地址

端口号：默认为 8600。

备注：网关配置与使用方法请扫描下方二维码查看。

扫一扫

（3）协调器参数。

将网关上的 Pand ID 和 Chanel ID 设置为 ZigBee 的 Pand ID 和 Chanel ID。需要注意的是，ZigBee 读取的 Pand ID 和 Chanel ID 是十六进制形式的，网关上识别的是十进制形式的，因此，在输入 Pand ID 和 Chanel ID 前，应将十六进制形式转化为十进制形式，如图 9-8 所示。

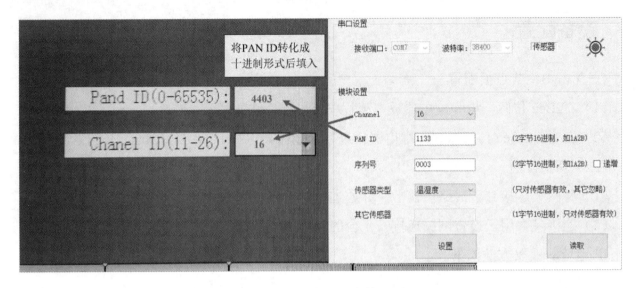

图 9-8　网关协调器参数设置

二、设备安装

设备布局整体要求如下。

（1）设备布局要紧凑。

（2）设备安装位置与信号走向基本一致。

（3）设备安装牢固。

三、线路连接

1．网关接线

RS-485 接口通过接线端子及红/黑线连接到 ADAM-4150/ADAM-4017+模块，从而实现数据采集或控制。

CAN（控制器局域网总线）遵守 CAN 协议，是一种用于实时应用的串行通信协议总线，能够实现不同元件之间的通信，从而实现一些设备数据通信及设备控制，主要应用于汽车制造业、大型仪器设备、工业控制等规模及对严格性要求比较高的行业。

2．其他接线

（1）信号线与电源线的连接注意区分颜色，方便识别，且电源线的横截面积要大于信号线的横截面积。

（2）其他线的连接要注意安装牢固，如转换器要用螺钉拧紧。

（3）接线、压线时注意不要压到绝缘层，但是也不能留得过长，以免发生漏电触电现象。

四、系统调试

（一）硬件系统检测

1．线路检查

（1）依据安装布局图检查设备是否安装准确。

（2）依据接线图和实物判断系统接线是否正确。

（3）检查设备安装是否牢固。

（4）检查导线走线是否规范。

（5）在检查过程中，注意安全用电，不得打开电源，以免触电和损坏设备。

2．连线标准及工艺质量要求

（1）对连接线进行绑扎，使其固定在网孔板上。

（2）对整个系统设备及连接线进行整形，使其规范、美观。

（二）功能调试

（1）观察所有节点板是否组网。

（2）观察云平台网关是否在线。

（3）观察云平台数据是否正确。

 扫一扫　 扫一扫　 扫一扫

备注：云平台使用方法及网关与云平台的连通方法请扫描下方二维码查看。

扫一扫

五、故障排除

故障一：网关不在线。

（1）检查云平台的设备标识与网关的序列号是否一致。

（2）检查网关是否已经入网。

（3）检查网关中的云平台 IP 地址设置是否正确。

故障二：云平台无数据。

（1）检查网关与 ZigBee 节点板是否已经组网。

（2）观察网关是否将界面切换到无线数据界面。

（3）观察网关界面的数据是否正确。

故障三：控制功能不能实现。

检查单击网关后是否能实现控制，如果不能实现，就说明是下端故障；如果能实现，就说明是上端故障。

下端故障主要有以下几种。

（1）ZigBee 节点板的配置不正确。

（2）硬件接线不正确。

（3）网关协调器参数不正确。

上端故障主要有以下几种。

（1）未添加执行器。

（2）未设置策略。

（3）未启用策略。

学习引导

活动一　学习准备

一、智慧农业监测系统概述

1. 现代信息技术在农业中得到广泛运用，特别是_____云平台的使用，让农业生产技术和科学管理水平得到进一步的提高。

2. 谈一谈为什么智慧农业是我国农业发展的必然趋势？

答：_____

_____

_____。

3. 请根据下面所描述的智慧农业监测系统功能的相关内容进行连线配对。

改善农业生态环境	利用云计算、数据挖掘等技术进行多层次分析，并将分析指令与各种控制设备进行联动，完成农业生产、管理工作，提高生产经营效率。
提高农业生产经营效率	信息化终端指导农业生产经营，改变了单纯依靠经验进行农业生产经营的模式，彻底转变了农业生产者和消费者对传统农业落后、科技含量低的观念。
转变生产者、消费者观念和体系结构	将农田、畜牧养殖场、水产养殖基地等周边的生态环境视为整体，并对其物质交换和能量循环关系进行系统、精密的运算，改善农业生产的生态环境。

4．智慧农业监测系统主要包括_____、通信控制系统、_____、视频终端系统、_____。

5．智慧农业监测系统主要应用在_____、_____、_____、农业装备与设施管理等领域。

二、物联网云平台简介

1．云计算是一种基于互联网的只需最少的管理和与服务提供商的交互就能够便捷、按需地访问_____的计算模式。

2．云平台也称为云计算平台，是指基于硬件的服务提供计算、网络和存储能力，并可以提供_____、_____、_____等各种云服务的平台。

3．云平台主要分为两大类：_____和_____。

4．物联网云平台是_____与_____的技术融合，是架设在 IaaS 层上的 PaaS 软件。

5．物联网云平台应用到的技术有哪些？

答：_____

_____

_____。

6．物联网云服务平台的链接网址为_____。

7．添加完项目后，就要在该项目下进行_____设备添加，设备标识对应的是网关设备的_____。

8．在添加 ZigBee 传感器时，根据 ZigBee 组网参数获取 ZigBee_____。

9．对于摄像头的 IP 地址，可以登录路由器 IP 地址，查看_____来获取。

三、网关设备简介

1．NLE-PE9000 网关支持电容触摸屏，使用的电源电压为_____V。

2．网关设备支持_____、_____、以太网、_____、USB、RFID、蓝牙等通信功能。

3．网关上的 RS-485 接口中的"＋""－"分别对应 ADAM-4150/ADAM-4017+模块的_____和_____，从而实现数据采集或控制。

4．_____（控制器局域网总线）遵守 CAN 协议，是一种用于实时应用的串行通信协议总线。

5．NLE-PE9000 网关电源需要长按_____进行关机，关机时需要长按_____。

6．网关设备包含了四大功能模块：_____、_____、_____和参数设置。

7．当网关设备与云平台连接时，必须保持网关设备当前处在_____界面，只有这样，云平台上的网关才会为在线状态。

    8．在【实时监测】界面中，可通过左上角的＿＿＿＿＿＿按钮进行有线与无线界面的切换。

    9．在网关的参数设置中，＿＿＿＿＿＿作为网关的唯一标识。

    10．当网关需要连接云平台时，需要填写云平台给定的＿＿＿＿＿＿及＿＿＿＿＿＿。

    11．在设置协调器参数时，网关协调器与所有节点的＿＿＿＿＿＿、＿＿＿＿＿＿要保持一致。

    12．网关协调器的 Pand ID、Chanel 使用的是十进制形式的，需要由＿＿＿＿＿＿转化过来。

活动二　制订计划

一、绘制智慧农业监测系统拓扑图

    根据设备清单（见表 9-1）设计智慧农业监测系统拓扑图，并使用 Visio 软件在计算机上绘制出智慧农业监测系统拓扑图，并保存为"智慧农业监测系统.vsd"。

表 9-1　设备清单

设 备 名 称	数　　量	备　　注
计算机	1	—
无线路由器	1	12V
网络摄像头	1	无线连接
NLE-9000 网关	1	无线连接
ZigBee 节点板	6	蓝色底盒
温湿度传感器	1	无线
光照传感器	1	无线
空气质量传感器	1	无线
火焰传感器	1	无线
继电器模块	2	无线
风扇	1	24V
照明灯	1	12V

二、绘制智慧农业监测系统接线图

    阅读资料，完成图 9-9 中的智慧农业监测系统接线图。

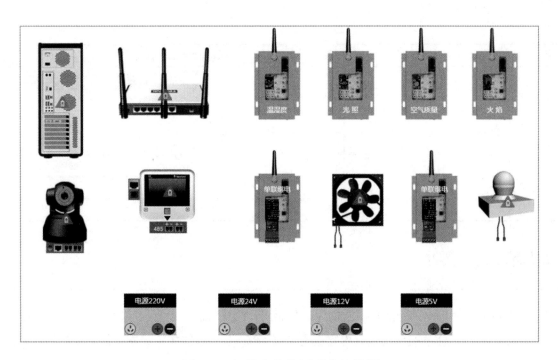

图 9-9　智慧农业监测系统接线图

三、绘制智慧农业监测系统布局图

小组讨论，完成合适的布局图设计，并利用 Visio 软件绘制布局图，保存为"智慧农业监测系统布局图.vsd"。

四、制订任务实施计划

小组讨论，根据表 9-2 中的提示制订出合理的任务实施计划。

表 9-2　计划书

计划书			
项目名称		项目施工时间	
施工地点		项目负责人	
人员任务分配	施工人员	负责任务	任务目标

续表

_____计划书			
	步骤名称	完成时间	目标及要求（含结果及工艺）
施工步骤			

小智提示:

在本项目中，使用的全部是蓝色底盒的无线传感器，而且它们可以直接吸附到实训台上，因此涉及的安装和接线非常少。任务实施的重点内容主要是 ZigBee 节点板的配置、网关的配置、物联网云平台的配置。

活动三　任务实施

一、智慧农业监测系统的安装与调试

根据制订的计划完成任务，并完成施工单的填写，如表 9-3 所示。

表 9-3　施工单

_____施工单				
项目名称		项目施工时间		
施工地点		项目负责人		
施工记录	施工步骤	现场情况反馈	处理方法及注意事项	用时
施工人员（签字）		记录员（签字）		
		项目经理（签字）		

二、故障诊断及排除

在智慧农业监测系统安装和调试的过程中大概率会出现故障。请小组合作，观察故障现象，讨论出排除故障的方法，并按照所讨论的方法将对应的故障点和解决措施填在表 9-4 中。

表 9-4　故障排除表

序　号	故 障 现 象	故 障 点	解 决 措 施
1			
2			
3			
4			
5			

三、智慧农业监测系统功能验证

1．数据监测

数据监测表如表 9-5 所示。

表 9-5　数据监测表

监 测 对 象	监 测 数 据	监 测 对 象	监 测 数 据
温度		空气质量	
湿度		火焰	
光照度		—	—

2．智能控制

智能控制记录表如表 9-6 所示。

表 9-6　智能控制记录表

控 制 对 象	动作实现情况	
风扇	□打开	□关闭
照明灯	□打开	□关闭

活动四　考核评价

考核评价分为知识考核和技能考核两部分，其中，知识考核为结果性评价，占 40%；技能考核注重操作过程，占 60%。知识考核由教师根据学生的答题情况完成评定，技能考核由学生自评、互评和师评共同组成。

一、知识考核

（一）填空题

1．智慧农业就是将_____技术运用到传统农业中，运用_____和_____，通过移动平台或计算机平台对农业生产进行控制，使传统农业更具有"智慧"。

2．云计算是一种基于_____的只需最少的管理和与服务提供商的交互就能够便捷、按需地访问_____（包括网络、服务器、存储、应用和服务等）的计算模式。

3．云平台也称为_____，是指基于硬件的服务提供_____、_____和_____能力，并可以提供 IaaS、PaaS、SaaS 等各种云服务的平台。

4．云平台主要分为两大类：_____和_____。

5．_____是传感器、执行硬件设备与云平台之间的中间件。

6．网关设备包含了四大功能块：_____、_____、_____、_____。

7．Telnet 服务在默认情况下是_____的，用于计算机端以 Telnet 方式连接网关，如果_____，则无法访问网关设备。

8．网关设备的电源电压为_____V。

（二）简答题

1．请简述智慧农业的作用。

答：_____

_____

_____。

2．请简述智慧农业的常见系统组成。

答：_____

_____

_____。

二、技能考核

师评主要指教师根据学生完成项目的过程参与程度、规范遵守情况、学习效果等进行综合评价，互评主要指小组内成员根据同伴的协作学习、纪律遵守情况等进行评价，自评主要指学生自己针对项目学习的收获、学习成长等进行评价。具体考核内容和标准如表 9-7 所示。

表 9-7　技能考核表

序　号	评价模块	评 价 标 准	自评（10%）	互评（10%）	师评（80%）
1	学习准备（10 分）	能根据任务要求完成相关信息的收集工作（5 分）			
		自学质量（习题完成情况）（5 分）			
2	制订计划（30 分）	能完成智慧农业监测系统布局图的绘制（10 分）			
		能完成智慧农业监测系统接线图的绘制（10 分）			
		小组合作制订出合理的项目实施计划（10 分）			
3	任务实施（60 分）	能完成智慧农业监测系统的安装与调试（25 分）			
		能排除智慧农业监测系统在安装与调试过程中出现的故障（15 分）			
		能根据本小组任务完成情况进行展评、总结（5 分）			

序　号	评价模块	评价标准	自评 （10%）	互评 （10%）	师评 （80%）
3	任务实施 （60分）	能完成实训台的桌面整理与清理（5分）			
		团队合作默契（5分）			
		实训操作安全且规范（5分）			
4	合计				

项目十 智能家居系统安装与调试

"十四五"以来，与智能家居行业相关的国家政策层出不穷，智能家居行业进入飞速发展时期。"加快发展数字家庭，提高居住品质"成为当下重点建设内容之一。本项目与《物联网智能家居系统集成和应用职业技能等级标准》相结合，提炼了方案设计、绘制点位图、设备的安装接线、设备配置、智能家居场景设置等任务。通过本项目的学习，学生可参加"物联网智能家居系统集成和应用"（初级）职业技能鉴定。学生可以先查阅与智能家居系统相关的必备知识，熟悉其安装步骤和方法，再按照"学习引导"部分的活动流程完成本项目的学习，并达成以下学习目标。

1. 能阐述智能家居的含义及其系统构成。
2. 能根据客户需求及户型图绘制智能家居点位图和接线图。
3. 能完成智能家居设备的安装、接线与配置。
4. 能完成智能家居手动场景和自动场景的设置。
5. 能完成智能家居系统的调试工作，并解决系统故障。

安全注意事项：

1. 在安装各种设备时，注意挂装时的工具使用安全，避免划伤手。
2. 设备接线时的零、火线不能短路，更不能接错。
3. 设备在安装接线时禁止上电。
4. 在使用工具撬开设备面板时，注意用力大小，避免损坏设备。

必备知识

扫一扫

智能家居系统以住宅为平台，以提升家居生活质量为目的，以设备互操作为条件，以家庭网络为基础，将家中的各种设备连接到一起，提供家电控制、照明控制、窗帘控制、电话远程控制、室内外遥控、防盗报警、可编程定时控制等多种功能，帮助家庭与外部保持信息交流畅通，优化人们的生活方式，增强家居生活的安全性。图 10-1 所示为智能家居应用场景。

图 10-1　智能家居应用场景

一、智能家居系统的构成

智能家居系统根据功能和应用场景的不同分为 5 个子系统，如图 10-2 所示。

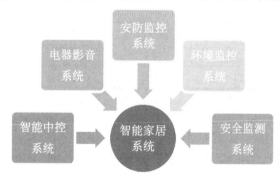

图 10-2　智能家居系统的构成

请扫描下方二维码查看每个子系统的功能。

扫一扫

二、智能家居设备

"物联网智能家居系统集成和应用"（初级）要求能根据产品手册识别物联网智能家居传感器、控制器、连接器、执行器、网关等设备。

扫一扫

1．智能网关

智能网关是家居智能化的心脏，通过它实现系统信息的采集、信息输入、信息输出、集中控制、远程控制、联动控制等功能。

（1）智能网关面板如图 10-3 所示。

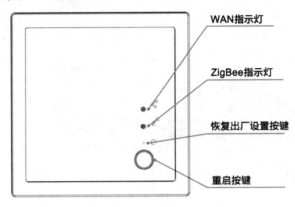

图 10-3　智能网关面板

（2）智能网关按键功能如表 10-1 所示。

表 10-1　智能网关按键功能

按　　键	功　　能
重启（REBOOT）按键	短按：系统断电重启
恢复出厂设置按键	连续短按 3 次（每次间隔不超过 1s），网关进入允许子设备入网模式，ZigBee 指示灯（蓝色）常亮（此操作对用户无效）
	长按 10s 以上松开，设备恢复出厂设置，ZigBee 指示灯（蓝色）闪烁 2s 后熄灭

2．智能语音面板

智能语音独特的人机交互功能使之可以成为智能家居的总指挥，它可以是家庭消费者用语音进行上网的一个工具，如点播歌曲、上网购物，或者了解天气预报；也可以对智能家居设备进行控制，如打开窗帘、设置冰箱温度、提前让热水器升温等。

（1）智能语音面板如图 10-4 所示。

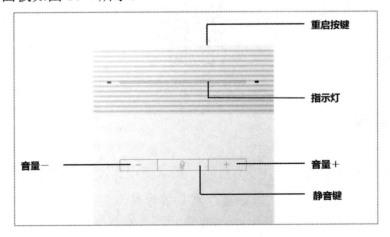

图 10-4　智能语音面板

（2）智能语音面板按键功能如表 10-2 所示。

表 10-2　智能语音面板按键功能

按　　键	功　　能
音量−	音量减小
静音键（配网按键）	短按，系统静音
	长按 5s 以上放开，设备进入配网模式
音量+	音量增大
重启按键	系统重新启动

3. 智能开关

普通开关属于手动、机械和本地操作，费力且不方便。而智能开关则具有触摸控制、感应控制、集中控制、定时控制、远程控制、场景控制和夜光等功能。

（1）单键智能开关面板如图 10-5 所示。

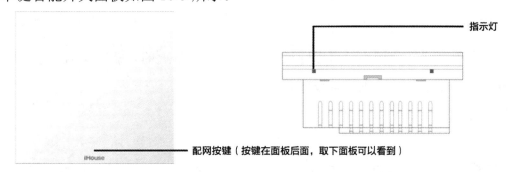

图 10-5　单键智能开关面板

（2）单键智能开关按键功能如表 10-3 所示。

表 10-3　单键智能开关按键功能

按　　键	功　　能
配网按键	短按按键（＜5s）：打开/关闭对应回路所接负载
	长按按键（各产品对应图示轻触按键）（＞10s）：产品离网并重新进入配网模式

4. 智能灯组

照明是家庭中使用最频繁、场合使用最多的设备。通过对智能灯组的控制，可以实现对灯光亮度和色温的调节。智能照明系统能够给人提供额外的安全感和内心的宁静感。暖光可以使人放松，身体机能更容易恢复；冷光可以使人保持警觉，更容易专注于某个特定的任务。

（1）LED 调光调色灯如图 10-6 所示。

图 10-6 LED 调光调色灯

（2）设备状态含义如表 10-4 所示。

表 10-4 设备状态含义

状 态	含 义
间隔 1s 闪烁	入网状态或恢复出厂设置成功
间隔 2s 闪烁	灯具与面板配对成功

5．智能插座

智能插座内置无线通信模块，可以通过安装在移动设备上的智能家居 App 控制其通/断电，从而控制电饭煲、热水器、洗衣机等设备是否通电。

（1）智能插座面板如图 10-7 所示。

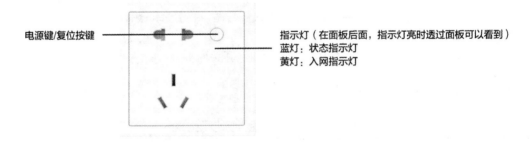

图 10-7 智能插座面板

（2）智能插座按键功能如表 10-5 所示。

表 10-5 智能插座按键功能

按 键	功 能
电源键/复位按键	短按按键（<5s）：打开/关闭对应回路所接负载
	长按按键（>10s）：产品离网并重新进入配网模式

6．红外遥控器

使用红外遥控器可以对家里的电视、家庭影院功放等影音设备进行集中、远程或联动控制。红外遥控器接口如图 10-8 所示。

图 10-8　红外遥控器接口

7．智能门锁

在入户门上安装智能门锁可以实现机械钥匙、指纹、密码、非接触卡、动态密码和远程控制等多种方式开锁功能，实现门户的安全，有异动进行报警等行为。

（1）智能门锁结构示意图如图 10-9 所示。

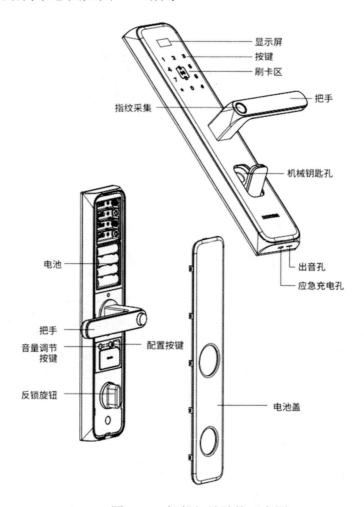

图 10-9　智能门锁结构示意图

（2）智能门锁功能模块如表10-6所示。

表10-6　智能门锁功能模块

功能模块	功能描述	指标
按键功能	音量调节按键	短按切换音量大、中、小，长按静音
	配置按键	短按进入系统管理界面，长按恢复出厂设置
	按键	输入密码开锁、验证管理员信息等
显示屏	显示当前状态	显示电量、时间等信息
刷卡区	刷卡区域	刷卡开门

8．门窗磁传感器

在住宅入户门、窗户或保险柜、抽屉安装门窗磁传感器，只要有人非法进入或打开，就会触发传感器报警，报警信号即刻发送给智能家居网关，最终报警信息发送到业主手机上。

（1）设备接口。

门窗磁传感器由无线发射模块（主体）和磁铁块（磁体）两部分组成。门窗磁传感器接口如图10-10所示。

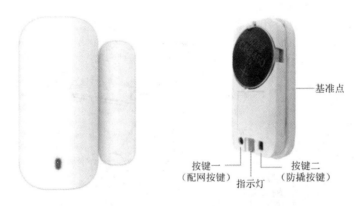

图10-10　门窗磁传感器接口

（2）门窗磁传感器功能按键和指示灯说明如表10-7所示。

表10-7　门窗磁传感器功能按键和指示灯说明

功能类型	功能说明
按键	按键一（配网按键）：网络状态提示控制、配网
	按键二（防撬按键）：上报防撬报警或恢复事件
指示灯	网络提示： 慢闪（1s/次，占空比为50%）：设备入网中 点亮-熄灭（配合按键一）：当前网络状态提示
	功能提示： 指示灯慢闪（1s/次，占空比为50%）：配网事件提示 指示灯快闪（400ms/次，占空比为50%）：防撬事件提示

9．智能摄像头

安防设备一般有传感器和摄像头，传感器感应环境变化，可以通过智能摄像头来进行联动人脸识别、报警等行为。

智能摄像头接口如图 10-11 所示。

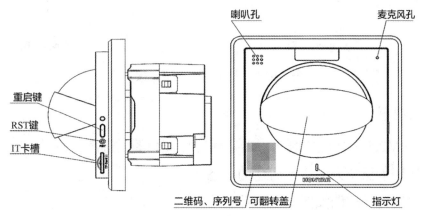

图 10-11 智能摄像头接口

10．燃气报警器

燃气报警器用于检测室内燃气泄漏，防止发生中毒危险，守护家庭安全，具有燃气检测报警、App 远程查看、历史记录查询等功能。当它检测到有可燃气体泄漏后，蜂鸣器鸣笛，本地报警，LED 灯闪烁提醒，智能场景联动关闭燃气阀门，进行开窗通风等。

燃气报警器接口如图 10-12 所示。

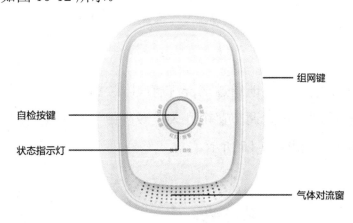

图 10-12 燃气报警器接口

11．人体运动传感器

人体运动传感器采用热释电红外传感器，感知探测区内的人体移动，具有智能联动和异常告警功能。在布防状态下，当它探测到人体异动时，就会通过网关将信息传输至云端，无论人在何处，都可以在 App 上实时接收告警推送信息。

（1）人体运动传感器接口如图 10-13 所示。

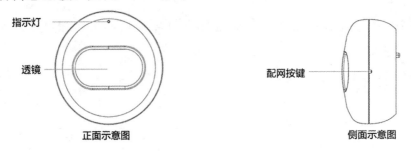

图 10-13　人体运动传感器接口

12．温湿度传感器

通过温湿度、PM2.5 等环境监测传感器监测居住环境的温湿度，并联动空气净化器、空调、排风扇等设备，让环境保持为最适宜居住的状态。

温湿度传感器结构示意图如图 10-14 所示。

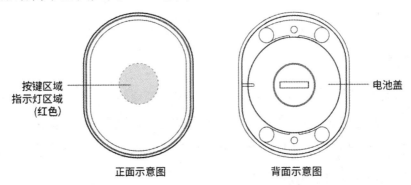

图 10-14　温湿度传感器结构示意图

13．智能窗帘

对于智能窗帘，人们能随时随地通过 App 查看其状态并操作它，不管在哪里，都可使用手机实现对窗帘的远程控制，任意调节窗帘开关，减少由于忘记拉窗帘而造成的各种麻烦。

（1）智能窗帘电机接口如图 10-15 所示。

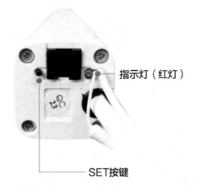

图 10-15　智能窗帘电机接口

（2）智能窗帘电机功能说明如表 10-8 所示。

表 10-8　智能窗帘电机功能说明

项　目	名　称	功　能
开合帘电机功能	手拉启动	帘布安装完成后，轻轻用手拉开/闭合帘布，即可启动开合帘运行
	停电手拉	帘布安装完成后，在断电时，帘布仍可手动进行拉开或闭合
	遇阻停止	帘布安装完成后，当开合帘运行到不可运行位置时，自动停止
	遇阻自动设置限位	在没有限位的条件下，第一次遇阻停止，系统自动将受阻点设为开启/关闭限位
	遇阻删限位	在已有限位的条件下，若运行过程中遇到阻碍，则会将原来的限位自动删除，再次遇阻后重新设置限位
	按键删限位	长按设置键 3s，电机限位全部删除
本地按键	SET 按键	长按按键 5s，直至电机点动一下，松开按键，入网指示灯慢闪，频率为 1Hz，设备进入配置网状态

操作方法

本项目的主要任务是为一位客户设计一套智能家居全屋方案，客户需求如表 10-9 所示。

表 10-9　客户需求

名　称	说　明
回家需求	在夜晚回家开启入户门的同时自动打开照明灯，出于隐私要求，自动关闭室内窗帘，并开启插座电源
离家需求	当家人一起外出时，只要语音说一声，就可以自动关闭室内的照明灯、电源插座和客厅电视
睡眠需求	夜晚睡觉时，希望能按一个按键就可以一次性关闭室内的照明灯、电源插座、智能窗帘电机，同时关闭燃气阀门，确保燃气不会泄漏，保障家人安全
防盗报警需求	家中无人时，如果入户门被强行打开或入户门锁被撬开，则可以在手机上及时收到推送的报警提示信息
燃气安全需求	在厨房安装一套燃气泄漏报警和处置装置，发现燃气泄漏即刻发出声音提示，同时能自动关闭燃气阀门，切断燃气
室内空气湿度控制需求	父母关节不好，要控制室内空气湿度。当空气湿度超过某个限定值时，可以自动开启除湿功能
起夜需求	父母年纪大了，夜间起夜次数多，希望老人夜间下床后，自动开启起夜灯，防止老人跌倒受伤
紧急报警需求	老人遇到紧急情况，只要按一个按键，就可以把报警信息即刻发送到子女的手机上

客户家的户型为四室二厅二卫一厨，其中书房是开放式的，如图 10-16 所示。

图 10-16　户型图

一、设备布局

"物联网智能家居系统集成和应用"（初级）要求能根据客户需求、房型类别，使用绘图软件绘制物联网智能家居设备点位施工图。

设备布局要充分考虑客户需求和房屋结构。图 10-17 所示为设备点位图。

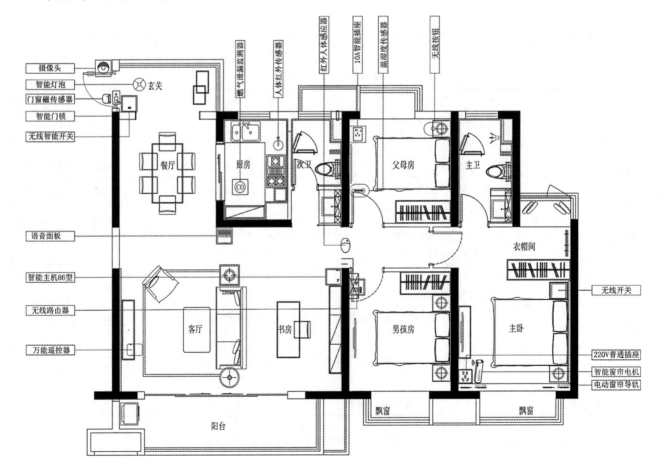

图 10-17　设备点位图

二、接线与安装

"物联网智能家居系统集成和应用"（初级）的要求如下。

（1）能读懂点位图，按照施工规范安装物联网智能家居安防、环境、照明、中控、影音等智能设备。

（2）根据布线施工图，能按照施工规范进行物联网智能家居的综合布线。

在实际施工中，设备分布比较分散，而且很多设备要先接线再进行固定安装，为了提高工作效率，这里将设备接线与安装放在一起完成。设备布线参考图如图 10-18 所示。

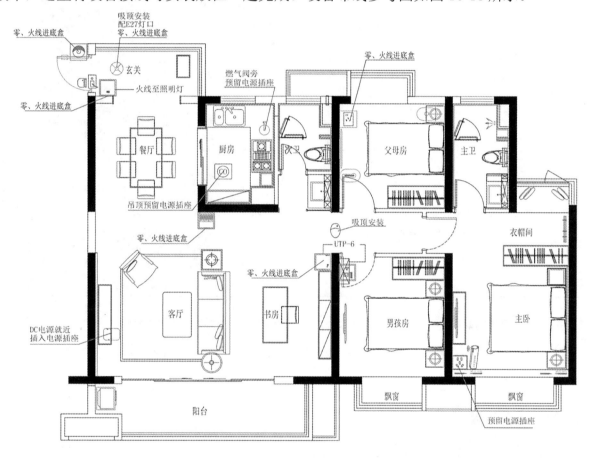

图 10-18　设备布线参考图

由于智能家居设备的接线与安装方法有很多相似之处，因此本书重点介绍几个核心设备的接线与安装方法，其他设备的接线与安装方法请扫描下方二维码进行查看学习。

扫一扫

1. 智能网关

智能网关的接线与安装如表 10-10 所示。

表 10-10　智能网关的接线与安装

步　骤	操　作	图　示
1	接入电源线（零线、火线），插入网关入网网线	
2	使用安装螺钉（M4×25）将后座固定在安装盒上	
3	先将面板组件套入外框，再卡入后座（完全卡入时有"咔哒"响声），卡入时注意外框的方向	

　　注意：由于智能网关采用的是 ZigBee 无线通信协议，所以为减少屏蔽，降低无线信号传输过程中的衰减，减小环境对无线信号的影响，要求安装智能网关所用的预埋盒不使用金属材料，建议采用 PVC 材料。

2．智能语音面板

　　智能语音面板的接线与安装如表 10-11 所示。

表 10-11　智能语音面板的接线与安装

步　骤	操　作	图　示
1	实物为一体产品，打开包装拿出产品，面板朝上；找到缺口处，用一字螺丝刀伸入缺口处并往上顶，听到"咔哒"响声后，面板翘起，完成产品面板和底座的分离	

步　骤	操　作	图　示
2	将预留在 86 暗盒中的连接线连接在语音面板电源线接入位置，其中，L 为火线，N 为零线	
3	使用安装螺钉（M4×25）将后座固定在安装盒上，安装时注意方向	
4	将面板卡入后座（完全卡入时有"咔哒"响声），卡入时注意外框的方向（产品商标位于产品正下方）	

3．智能门锁

智能门锁的接线与安装如表 10-12 所示。

表 10-12　智能门锁的接线与安装

步　骤	操　作	图　示
1	检查工作： （1）检查门的类型，本款智能门锁仅适用于木门和防盗铁门的安装； （2）检查门厚是否在极限范围内，本款智能门锁适用的门厚是 65～80mm； （3）检查锁体侧边条尺寸，如本次使用的锁体侧边条尺寸为 240mm×24mm	

步 骤	操 作	图 示
2	安装准备工作： （1）根据开门方向判断锁舌、把手是否需要换向，开门方向有左内开、左外开、右内开、右外开4种； （2）根据安装开孔图和侧边条尺寸图确定安装孔位尺寸，按照开孔模板1∶1在门体上开孔	
3	安装工作： （1）安装锁体和天地钩； （2）安装锁芯； （3）顺序安装内面板配件、外面板配件、外面板、内面板； （4）装入电池，盖上电池盖	
4	验收工作： （1）内外把手不生涩、可自然回弹，锁面板与门框平行； （2）内外把手都能上抬、都能打出方舌，钥匙可以顺畅转动且转动后可以下压把手开门； （3）上电后外面板用力拉扯不会触发防撬误报； （4）轻轻带上门，斜舌能自然弹出	

4．智能窗帘

智能窗帘的接线与安装如表 10-13 所示。

表 10-13　智能窗帘的接线与安装

步　骤	操　作	图　示
1	将电机头部对准主传动箱槽口	
2	侧向插入并旋转电机，当听到定位块卡住电机的声响后，电机安装完成	
3	为电机插入电源	

三、设备配置

"物联网智能家居系统集成和应用"（初级）要求如下。

（1）能根据要求连接网络系统，将设备入网。

（2）能根据要求使用平台软件配置设备参数，调试设备功能。

由于智能家居设备的配置方法有很多相似之处，因此本书重点介绍几个核心设备，其他设备的配置方法请扫描右侧二维码进行查看学习。

扫一扫

扫一扫

1．智能语音面板

智能语音面板配网如表 10-14 所示。

表 10-14　智能语音面板配网

步　骤	操　作	图　示
1	点击左下角的【设备】按键，切换至默认设备列表	

步　骤	操　作	图　示
2	点击信息栏右上角的【+】按键，在下拉菜单中选择【添加设备】选项	
3	设备选择页面： 首先，在左侧【支持添加的设备】列表中选择【语音面板】选项；然后，在右侧设备列表中选择【智音A2】选项；最后，点击【添加】按键，进入新增设备页面	
4	长按设备的【配网按键（麦克风按键）】5s，根据语音提示进行操作，待智能语音面板进入配网模式后，点击 App 页面的【设备已进入配网模式】按键 备注：配网该设备前，提前打开手机的蓝牙功能	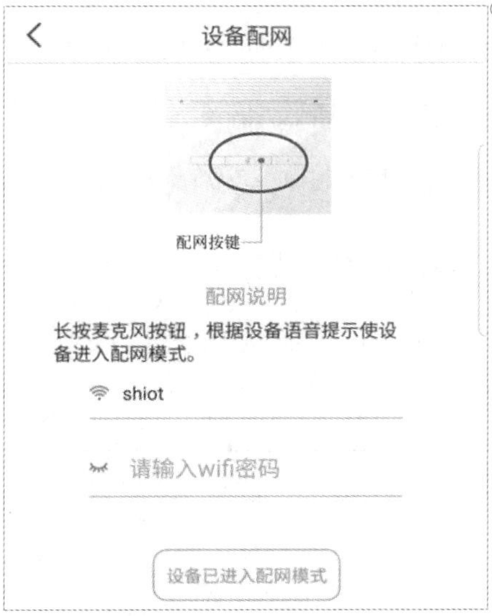

---

① 注：App 页面图中的"wifi"的正确写法为"Wi-Fi"。

步　骤	操　作	图　示
5	成功发现设备后，先点击【连接】按键，设备自动进行蓝牙连接→Wi-Fi 连接→设备登录→获取设备列表的连接和配置操作，待 App 显示【绑定设备成功】字样，智能语音面板随后提示【Hi，我来了】，设备配网完成	
6	配网成功的智能语音面板设备（智音 A2）会显示在默认设备列表中	

2．智能开关

智能开关配网如表 10-15 所示。

表 10-15　智能开关配网

步　骤	操　作	图　示
1	点击信息栏右上角的【+】按键，在下拉菜单中选择【添加设备】选项。也可以通过扫描设备上的二维码直接进入新增设备页面	

步　骤	操　　作	图　　示
2	设备选择页面： 首先，在左侧【支持添加的设备】列表中选择【入墙开关】选项；然后，在右侧设备列表中选择【单键智能开关 U2】选项，点击【添加】按键	
3	在网关选择页面，选择本次配网使用的智能网关（鸿雁智能网关 86 型 U86GW）	
4	长按配网按键 10s 以上，至指示灯闪烁，单键智能开关进入配网模式。点击 App 页面上的【我确认在闪烁】按键	
5	在设备发现页面会显示设备配网的进度	

续表

步　骤	操　作	图　示
6	成功发现设备，点击 App 页面上的【确认】按键，结束本次配网操作	**返回　　绑定使用** 发现以下设备： 单键智能开关U2 DN:CCCCCCFFFE0FDFB3　　修改信息 成功 确认
7	配网成功的设备会显示在默认设备列表中	晴 36℃|空气质量:良|空气湿度:46%　上海市宝山区 搜设备 默认　常用 全部品类∨　　在线　离线 智能主机...　单键智能... --　　开启 设备　智能　我的

四、场景配置

"物联网智能家居系统集成和应用"（初级）的要求如下。

根据任务书要求，能按照系统应用设置调试场景模式。

一套真正意义上的智能家居产品需要的是产品自己能够满足多种场景控制的需求，产品与产品之间能够实现多种模式的联动，通过产品与产品的搭配来实现各种应用场景。

场景模式可分为手动场景和自动场景，手动场景只需点击对应场景即可立即执行场景，自动场景通过满足设置的条件来执行场景。

1. 手动场景配置

以离家场景为例，配置步骤如表 10-16 所示。

扫一扫

表 10-16　离家场景配置步骤

步　骤	操　作	图　示
1	进入 App，单击底部的【智能】按键，进入场景管理页面，选择【手动】选项后单击【添加场景】按键	
2	首先在添加手动场景页面：单击【编辑】按键，设置场景名称为离家模式，并可为离家模式场景选择一个合适的图标和背景图；然后单击【添加云端】按键，进入联动设置页面	
3	在联动设置页面的【就】区域中，首先选择设备动作类型，然后选择设备调光调色灯具，并设置调光调色灯具的动作类型，单击【确认】按键，保存设置内容	
4	采用同样的方法设置设备智能插座和华为机顶盒的场景动作类型，设置完成后点击【确认】按键，保存设置内容	

续表

步　骤	操　作	图　示
5	以上 3 个设备联动类型设置完成后，点击页面下方的【确定】按键，保存本次联动设置的内容，系统自动返回场景管理页面	
6	以上内容设置完成后点击【保存】按键，保存本次场景设置内容	
7	场景设置完成，离家模式场景显示在【场景管理】页面。 点击 图标可以执行该场景	

2. 自动场景配置

下面以防盗模式为例创建自动场景，具体操作步骤如表 10-17 所示。

扫一扫

表 10-17　防盗模式配置

步　骤	操　　作	图　　示
1	在【场景管理】页面，点击【添加场景】按键，进行场景添加操作	
2	点击右上角的【+】按键，在下拉菜单中选择【自动场景】选项	
3	点击【添加云端】按键，进入【添加自动场景】页面，在【如果】区域下点击【待添加条件】按键，进入场景触发条件设置页面	
4	在弹出的场景触发条件设置页面中点击【设备触发】按键	

续表

步 骤	操 作	图 示
5	在弹出的设备列表中选择智能云锁,并选中【门未锁好报警】复选框,点击【确认】按键,保存门锁设置内容	
6	系统自动返回设备列表,继续选择门窗磁传感器,并设置门磁状态为打开,点击【确认】按键,保存设置内容。 设置完场景触发条件后,点击右上角的【保存】按键	
7	系统重新进入自动场景设置页面,在【就】区域下点击【待添加执行动作】按键,选择【通知推送】功能	
8	在通知推送页面,输入推送内容【测试房间中有人入侵】,启用页面底部的手机通知功能。 点击【保存】按键,返回自动场景设置页面。 确认以上设置无误后,点击页面底部的【确定】按键,保存场景设置内容	

步　骤	操　　作	图　　示
9	完成以上自动场景的内容设置后，系统自动返回场景管理页面。单击该页面左上角的【新建场景】按键，对新建的场景进行重命名	
10	输入场景名称【防盗模式】，并在下方选择一个场景图标，点击右上角的【保存】按键，完成场景名称的编辑	
11	系统自动返回场景管理页面，点击页面右上角的【保存】按键，保存防盗模式场景设置内容	
12	启用防盗模式场景	

五、系统调试

（1）断电并再次上电，观察各设备的指示灯是否亮起，组网指示灯是否由快闪变状态成了常亮状态。如果出现设备断网的情况，就需要重新添加设备入网。

（2）打开 App，检查所有设备是否已经全部添加。

（3）点击各设备，核查设备是否能够独立控制，如果不能，就重新添加一次。

（4）根据任务要求完成场景配置，并调试场景功能。

（5）将场景添加至语音控制模块，用语音控制设备及场景效果。

六、故障排除

在系统调试过程中，很可能会出现故障，表 10-18 列出了常见的故障现象及解决措施。

表 10-18　常见的故障现象及解决措施

序　号	故 障 现 象	故 障 点	解 决 措 施
1	设备无法配网	网络不通	在 App 中检查网关是否在线
		设备电源问题	检查设备电源指示灯是否亮起
		组网干扰	重新添加设备入网，多操作几次
2	场景功能未执行	网络不通	检查网络通信是否正常
		设备掉线	重新添加设备
		场景未启用	在 App 中检查启用开关是否打开
		触发条件设置错误	检查自动场景的触发条件设置是否正确

学习引导

活动一　学习准备

一、智能家居系统的组成

1．智能家居系统以＿＿＿＿＿＿＿为平台，将家中的各种设备连接到一起，提供＿＿＿＿＿＿＿、＿＿＿＿＿＿＿、＿＿＿＿＿＿＿、电话远程控制、室内外遥控、防盗报警、可编程定时控制等多种功能。

2．智能家居主要由 5 个子系统组成，分别是＿＿＿＿＿＿＿、＿＿＿＿＿＿＿、＿＿＿＿＿＿＿、＿＿＿＿＿＿＿、＿＿＿＿＿＿＿。

3．＿＿＿＿＿＿＿相当于人的大脑，可以支配和控制家庭中的智能家居终端产品。

4. _____能辅助我们自动开启电视、音箱等影音设备，同时自动关闭影响娱乐的灯光、电器等设备。

5. 门窗磁传感器主要用于_____安防监控系统。

6. _____系统可以应对燃气泄漏、火灾、漏水、紧急呼叫等情况，实用性非常强。

二、设备接线与安装及其配置

1. _____是家居智能化的心脏，通过它实现系统信息的采集、信息输入、信息输出、集中控制、远程控制、联动控制等功能。

2. 在正常情况下，智能网关设备出现在 App 页面的_____列表中。

3. 智能开关在入网时，黄色指示灯_____。

4. 智能插座配置是长按按键_____以上，黄色指示灯闪烁。

5. 门窗磁传感器由_____（主体）和_____（磁体）两部分组成。

6. 燃气报警器检测到可燃气体泄漏后，_____鸣笛，本地报警。

7. 人体运动传感器采用_____传感器感知探测区内的人体移动。

8. 在对电动窗帘进行配置时，需要长按按键 5s，直至电机点动一下，松开按键，入网指示灯_____，代表已进入配网模式。

9. 场景模式分为_____场景和_____场景。

活动二　制订计划

一、绘制智能家居系统点位图

阅读资料，使用 Auto CAD 2013 软件绘制智能家居系统点位图，并保存为"智能家居系统点位图.dwg"。

二、绘制智能家居系统布线图

使用 Auto CAD 2013 软件完成智能家居系统布线图，并保存为"智能家居系统布线图.dwg"。

三、制订任务实施计划

小智提醒：

> 智能家居系统常见的施工任务包含点位图/布线图设计、设备接线与安装、设备入网、场景配置、功能调试等。

阅读前面的操作方法，小组讨论，制订合理的实施计划，并填入表 10-19 中。

表 10-19　计划书

计划书		
项目名称	项目施工时间	
施工地点	项目负责人	
人员任务分配	施工人员	负责任务	任务目标
施工步骤	步骤名称	完成时间	目标及要求（含结果及工艺）

活动三　任务实施

一、智能家居系统的安装与调试

根据制订的计划完成任务，并完成施工单的填写，如表 10-20 所示。

表 10-20　施工单

施工单				
项目名称		项目施工时间		
施工地点		项目负责人		
施工记录	施工步骤	现场情况反馈	处理方法及注意事项	用时
施工人员（签字）		记录员（签字）		
		项目经理（签字）		

二、故障诊断及排除

在配网、场景设置的过程中，可能会出现一些故障，请小组合作排除故障，并完成故障排除表的填写，如表 10-21 所示。

表 10-21　故障排除表

序　　号	故 障 现 象	故 障 点	解 决 措 施
1			
2			
3			
4			
5			

活动四　考核评价

考核评价分为知识考核和技能考核两部分，其中，知识考核为结果性评价，占 40%；技能考核注重操作过程，占 60%。知识考核由教师根据学生的答题情况完成评定，技能考核由学生自评、互评和师评共同组成。

一、知识考核

（一）填空题

1．智能家居系统以_____为平台，将家中的各种设备连接到一起，提供家电控制、照明控制、窗帘控制等智能管理功能。

2．_____系统可以应对燃气泄漏、火灾、漏水、紧急呼叫等情况，实用性非常强。

3．只有通过终端控制或语音控制才能触发的场景是_____场景。

4．通过条件自动触发的是_____场景。

5．智能灯组的 3 种控制方式：开关控制、_____控制和色温控制。

（二）选择题

1．在智能家居系统中，最核心的是（　　）。

　　A．电器影音系统　　　　　　　　　　B．安防监控系统

　　C．环境监控系统　　　　　　　　　　D．智能中控系统

2．智能语音面板属于（　　）系统。

　　A．电器影音系统　　　　　　　　　　B．安防监控系统

　　C．环境监控系统　　　　　　　　　　D．智能中控系统

3．下列设备属于电器影音系统的是（　　）。

　　A．门窗磁传感器　　　B．智能摄像头　　　C．智能灯组　　　D．智能门锁

4．在 App 中只有先绑定了（　　）设备，其他设备才能被添加进来。

　　A．智能语音面板　　　B．智能摄像头　　　C．智能灯组　　　D．智能网关

（三）判断题

1．在配置智能语音面板时，是通过蓝牙加入网络的。（　　）

2．智能开关既可以实现自动控制，又可以手动控制。（　　）

3．智能插座主要用于控制设备是否得电。（　　）

4．智能遥控器能用于控制电视，但不能用于控制空调。（　　）

5．在入户门、窗户或保险柜、抽屉处安装人体红外传感器，用于感知有人非法进入或打开。（　　）

二、技能考核

师评主要指教师根据学生完成项目的过程参与程度、规范遵守情况、学习效果等进行综合评价，互评主要指小组内成员根据同伴的协作学习、纪律遵守情况等进行评价，自评主要指学生自己针对项目学习的收获、学习成长等进行评价。具体考核内容和标准如表 10-22 所示。

表 10-22　技能考核表

序　号	评价模块	评 价 标 准	自评（10%）	互评（10%）	师评（80%）
1	学习准备（10 分）	能根据任务要求完成相关信息的收集工作（5 分）			
		自学质量（习题完成情况）（5 分）			
2	制订计划（30 分）	能完成智能家居系统点位图的绘制（10 分）			
		能完成智能家居系统布线图的绘制（10 分）			
		小组合作制订出合理的项目实施计划（10 分）			

序　号	评价模块	评价标准	自评（10%）	互评（10%）	师评（80%）
3	任务实施（60分）	能完成智能家居设备的接线与安装（10分）			
		能完成所有设备的配网（10分）			
		能完成所有场景的配置（10分）			
		能排除智能家居系统在安装与调试过程中出现的故障（10分）			
		能根据本小组任务完成情况进行展评、总结（5分）			
		能完成实训台的桌面整理与清理（5分）			
		团队合作默契（5分）			
		实训操作安全且规范（5分）			
4	合计				